矿山地质

主　编　李风华　张飞天　王　俊
副主编　王福斌　王　洲　王　帅

北京理工大学出版社
BEIJING INSTITUTE OF TECHNOLOGY PRESS

图书在版编目（CIP）数据

矿山地质/李风华，张飞天，王俊主编．—北京：北京理工大学出版社，2021.5

ISBN 978-7-5682-9878-0

Ⅰ．①矿…　Ⅱ．①李…②张…③王…　Ⅲ．①矿山地质-高等学校-教材　Ⅳ．①TD1

中国版本图书馆CIP数据核字（2021）第105331号

出版发行／北京理工大学出版社有限责任公司
社　　址／北京市海淀区中关村南大街5号
邮　　编／100081
电　　话／（010）68914775（总编室）
（010）82562903（教材售后服务热线）
（010）68944723（其他图书服务热线）
网　　址／http：//www.bitpress.com.cn
经　　销／全国各地新华书店
印　　刷／三河市华骏印务包装有限公司
开　　本／787毫米×1092毫米　1/16
印　　张／10.5
字　　数／250千字
版　　次／2021年5月第1版　2021年5月第1次印刷
定　　价／60.00元

责任编辑／钟　博
文案编辑／钟　博
责任校对／周瑞红
责任印制／施胜娟

前　言

本书是高等职业教育采矿工程类校企合作教材之一。根据“现代学徒制”试点专业人才培养方案和课程标准，从人才市场对技术技能型人才的需求出发，在校本教材的基础上改编而成。充分发挥校企合作企业的资源优势，融合专业理论于师徒制岗位实践中，突出职业性和实践性。打破传统的学科界线，根据岗位需要选择学习内容，突出时效性和先进性，是该课程学习的创新和多年教学经验的总结。其目的在于掌握地质工作方法，培养识读地质资料能力以及应用地质理论指导安全生产的能力，培养专业核心技能、创新能力和煤矿山采掘一线岗位（群）综合职业能力，培养爱祖国爱家乡的情感，坚定献身煤炭事业的信念。为确保矿山地质课程学习达到预期目的特编写本书。

全书共分8个单元，包括：单元1地球概况与地层、单元2地球的圈层构造与地质作用、单元3矿物与岩石的鉴定、单元4区域地层与地质与构造、单元5含煤地层沉积特征、单元6岩层产状的测量、单元7水文地质与水害预防、单元8影响安全生产的地质因素。本书根据最新的技术规范编写，结合近年来的地质学科发展，以及矿山地质与相关课程的联系，围绕专业核心技能的培养，理论知识由浅入深、通俗易懂，以“够用”为度。本书已达到采矿类专业应用本科（非地质专业）教学用书的要求，也可供采矿、地质等工程技术人员和管理人员参考。

本书编写时依据《煤、泥炭地质勘查规范》、《矿井地质工作手册》和《煤矿安全规程》等现行法律法规及有关的技术规范，地层单位划分依据《内蒙古自治区岩石地层》，同时参考了曾佐勋主编的《构造地质学》、李增学主编的《煤矿地质学》、桂和荣、郝临山主编的《煤矿地质》以及关于全国地层会议的新闻媒体资料等，在此，对以上作者表示衷心感谢。由于水平有限，书中不足之处在所难免，请广大同仁提出宝贵意见。

李风华编写单元6，张飞天编写单元3、单元4和单元5，王俊编写单元1和单元8，王洲编写单元2，王帅编写单元7。本书由李风华、张飞天和王俊担任主编，全书由张建春和王福斌主审。在编写过程中，得到内蒙地堪院、神华乌海能源公司、乌兰煤炭集团以及乌海市帝安爆破有限责任公司等校企合作企业的大力帮助，得到学院领导和教育届同仁的大力支持，在此表示衷心谢意！

编　者

2018年6月

目　录

单元1

地球概况与地层

知识目标

了解地球概况，熟悉中国地质年代表，掌握地层单位、地质年代单位以及划分与对比地层的方法。

技能目标

能根据地层单位符号判断地层沉积的新老关系。

基础知识

矿产泛指一切埋藏在地下（或分布于地表的、或岩石风化的、或岩石沉积的）可供人类利用的天然矿物或岩石资源。矿产资源是地壳物质经过长期地质作用、地壳运动和演变的产物，矿产的形成与地球内外的物质运动以及其他星体有密切关系。因此在学习矿山地质前，应先了解宇宙、天体与地球的关系，地球形成的历史及其概况。

1.1　地球概况

1.1.1　宇宙和天体

地球是太阳系中的一个行星，而太阳系又是银河系中的一个星系。宇宙由许多类似银河系的星系团组成。宇宙是一个无限发展的物质世界，在空间上无边无际，在时间上无始无终。宇宙空间包罗万象，大至星系、总星系、小至星际物质、分子、原子，一切客观存在皆包含在宇宙之中。宇宙空间充满形形色色的物质，且处于不断变化和运动中。随着科技的发展，人类对宇宙的认识范围不断扩大，目前能观测到的宇宙范围称为总星系，半径为150 亿～200 亿光年。总星系中约有十几亿个星系，且不是均匀分布的，一个星系中约有十几亿至上千亿颗恒星。太阳所在的星系叫银河系。银河系以外的星系叫河外星系。天体是太阳、地球、月球和其他恒星、行星、卫星以及彗星、流星、宇宙尘、星云、星团等的统称。

银河系俗称“天河”，是太阳系所在的恒星系统，是一个巨型旋涡状星系，包括1 500 亿 ~4 000 亿颗恒星和大量的星团、星云，还有各种类型的星际气体和星际尘埃、黑洞和各种射线，它的可见总质量是太阳质量的 2 100 亿倍。银河系的物质约 90% 集中在恒星内。恒星是由质量巨大的炽热气体组成的能自己发光发热的球状天体。维持恒星辐射的能量来自氢的热核反应。夜空中见到的点点繁星绝大多数是恒星。银河系中除恒星外，还有行星、卫星、流星、彗星、星云等天体。天体间充满星际物质，它是由星际尘埃（直径为0. 3 ~3 μm）和星际气体［钙（Ca）、钠（Na）、钾（K）、钛（Ti）、铁（Fe）、氢（H）等元素］组成的，密度很小，只有地面大气的万亿亿分之一。近年来在星际物质中还发现了各种复杂的有机分子，如氰基、氨、甲醛、甲醇等，这说明宇宙中不只有单纯的无机世界，这对研究生命起源问题有重要意义。星际物质能够吸收可见光和 X 射线，但不能吸收红外线和无线电波。

宇宙射线是来自宇宙的高能粒子，主要是质子（氢原子核，占 87%），其次是 α 粒子（氦原子核，占 12%），还有少量其他原子核、电子和高能粒子（如 X 射线和 γ 射线等）。宇宙射线的能量一般小于 1 017 eV。宇宙射线的带电粒子传播到地球时与大气中的原子互相碰撞，削弱能量到 1 010 eV，并使大气电离产生新的粒子。

1.1.2 太阳系

太阳系是银河系中的一颗中等恒星。太阳是太阳系的中心天体，它的质量巨大，能发出强烈的光和热。围绕太阳旋转的是一个行星体系，如图 1－1 所示。在这个体系中有 8 颗行星和已经被编号的 120 437 颗小行星围绕太阳公转，并绕轴自转。按照离太阳从近到远的距离，八大行星依次为水星、金星、地球、火星、木星、土星、天王星、海王星。八大行星自转方向多数也和公转方向一致，只有金星和天王星例外。金星的自转方向与公转方向相反，而天王星是在轨道上横滚的。曾经被认为是“九大行星”之一的冥王星于 2006 年 8 月 24 日被定义为“矮行星”。太阳系中还有至少 173 颗已知的卫星、5 颗已经辨认出来的矮行星和数以亿计的太阳系小天体。

图 1－1　太阳系组成示意

太阳是离地球最近的一颗恒星，它与地球间的距离为 1.5×10^8 km（这个距离称为一个天文单位 AU）。从太阳发出的光传到地球需要 8 分 16 秒。太阳的直径为 1.39×10^6 km，约为地球直径的 10^9 倍，体积约为地球体积的 130 万倍，质量是地球质量的 33. 3 万倍，平均密度是地球平均密度的 1/4，太阳表面的重力加速度为地球表面重力加速度的 27. 9 倍。

根据对太阳光谱的分析，可知太阳大气中有73种元素，其中以氢、氦最多，氢占太阳总质量的71%，氦占26.5%。太阳是个炽热的气体球，人们能直接观测到的是太阳的大气层。它从内向外分为光球、色球和日冕三层。人们看到的太阳圆轮为光球层，色球和日冕只有在日全食时用特殊仪器才能观测到。光球层通常被称为太阳表面。太阳表面的平均温度约为6 000 K，太阳中心的温度高达1.5×10^7K。太阳的中心压强可达1 011 Pa，太阳内的物质在这样高温高压条件下产生核反应，即由4个氢原子聚变为一个氦原子，这是太阳发光发热的能量来源，所以太阳能向周围连续地辐射能量，其中只有1/22亿的能量辐射到地球上，而这些能量却给地球以极大的生命力，并引起各种外力地质作用。

在太阳表面赤道及其附近的光球层中，常可出现黑子，在色球层中常见耀斑。黑子是太阳光球上巨大的旋涡状气流，它的温度比光球表面低1 000～1 500 K，因此在明亮光球的衬托下显得阴暗些。当黑子最多时在黑子群上空色球层中出现温度高达1.5×10^4～1.0×10^6 K的亮点，即耀斑。由于地球离太阳较近，太阳辐射中大量的宇宙射线、X射线等微粒流和表面上的活动变化对地球都有很大的影响。大量的微粒流会影响地球高空大气层的物理反应。例如，太阳上空的耀斑和黑子大量增多时，会引起地球上空电离层发生变化，地球两极地区出现极光，地球磁场受扰动产生磁暴等，并对气候变化产生影响。

1.1.3　地球

地球（earth）是太阳系八大行星之一，按离太阳由近及远的次序排为第三颗，也是太阳系中直径、质量和密度最大的类地行星（以硅酸盐石为主要成分的行星）。地球是太阳系中唯一有生命存在的天体。地球自西向东自转，同时围绕太阳公转。地球绕太阳公转时地轴是倾斜的（地轴与公转轨道平面斜交，目前其交角为66°34′）。地球公转轨道全程长9.4×10^8 km，地球以30 km/s的平均速度在公转轨道上运行，公转一周需要365日5时48分46秒。地球自转一周需要23时56分4秒。根据长期观测的结果，地球自转速度是不均匀的，在一年中，秋季稍快，而春季稍慢（就地球北半球而言）。从总的趋势看，地球的自转速度在逐渐变慢，但幅度极小，据过去2 000年的观测记录，大约每过100年，一昼夜要长0.01 s。

地球唯一的天然卫星是月球，它是离地球最近的一个天体，也是被研究最彻底的一个天体。月球中心到地球中心的平均距离约为38万km。月球公转和自转的周期相同，所以月球朝向地球的一面始终不变。月球的直径约为3 476 km，大约是地球直径的1/4，质量是地球质量的1/81，平均密度相当于地球密度的3/5，月面上的重力加速度是地球表面的1/6。月球上无液态水，完全没有大气，几乎接近真空状态，因此，月球上无生命，更无风、云、雨、雪等天气现象，但月球上有火山喷发、造山运动和月震现象。月球表面的昼夜温差很大，白天，在阳光垂直照射的地方温度高达127 ℃，夜晚，温度可降低到－183 ℃。月球绕着地球公转，在月球引力的作用下，地球表面的物质会发生潮汐现象。

对地球起源和演化的问题进行系统的科学研究始于19世纪中叶，人们至今已经提出过多种学说。一般认为地球作为一个行星起源于46亿年（地球开始形成到现在的年龄即地球的天文年龄）以前的原始太阳星云。地球的地质年龄是指地球上地质作用开始之后到现在的时间。

地球和其他行星一样，经历了吸积、碰撞这样一些共同的物理演化过程。形成原始地球的物质主要是星云盘的原始物质，其组成主要是氢和氦，它们约占总质量的98%，此外，还有固体尘埃和太阳早期收缩演化阶段抛出的物质。在地球的形成过程中，由于物质的分化作用，不断有轻物质随氢和氦等挥发性物质分离出来，并被太阳光压和太阳抛出的物质带到太阳系的外部，因此，只有重物质或土物质凝聚起来逐渐形成了原始的地球，并演化为今天的地球。水星、金星和火星与地球一样，由于距离太阳较近，可能有类似的形成方式，它们保留了较多的重物质；而木星、土星等外行星，由于距离太阳较远，至今还保留着较多的轻物质。关于形成原始地球的方式，尽管还存在很大的推测性，但大部分研究者的看法与戴文赛先生（中国天文学家）的结论一致，即在上述星云盘形成之后，由于引力的作用和引力的不稳定性，星云盘内的物质，包括尘埃层，因碰撞、吸积，形成许多原小行星（或称为星子），又经过逐渐演化，聚成行星，地球也就在其中诞生了。根据估计，地球的形成所需时间约为1千万~1亿年。

1.1.4 地球的形状和大小

人们对地球的形状和大小的认识经历了一个由圆球体到二轴椭球体、三轴椭球体又到梨状体的不断深化过程。当最早使用较精确的三角测量法对地球的形状进行研究时，发现赤道半径比极点半径约长21 km，人们认识到地球不是一个理想的球体，而是一个沿着旋转轴被压扁的球体。

后来，牛顿从理论上证明，在引力的作用下，地球沿着旋转轴的方向受挤压力作用，使其具有椭球或旋转球的形状。牛顿的这一理论和计算，后来被世界各国完成的经线或纬线弧的测量所证实。同时这些测量还表明，地球不仅沿两极方向被压扁，而且沿赤道也在某种程度上被压扁，最大和最小赤道半径长度相差213 m。也就是说，地球不是两轴的，而是三轴的椭球体。

根据卫星轨道分析发现，地球也并非标准的三轴旋转椭球体，而是一个不均匀的梨状体。北极地区约高出18.9 m，南极地区则低24~30 m，中纬度在北半球凹进，在南半球凸出，如图1-2所示。

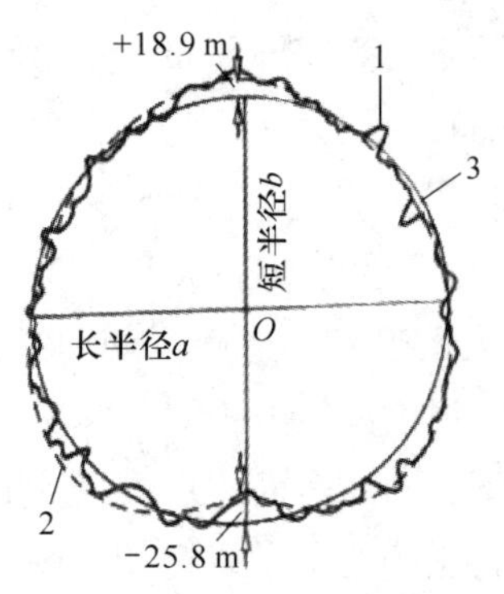

图1-2 大地水准面与旋转椭球面关系示意

1—地球的自然表面；2—大地水准面；3—旋转椭球面

实际地球表面崎岖不平（如图 1－2 中的标注 1 所示），为了便于测算，以平均海平面通过大陆延伸所形成的封闭曲面作为参考面，此参考面称为大地水准面（如图 1－2 中的标注 2 所示）。地球的形状和大小通常是指大地水准面的形状和大小。大地水准面是重力等位面，其上的重力方向处处都与该表面垂直，这样就可以引入重力的概念，结合几何大地测量与物理大地测量对地球的形状和大小进行研究。目前人们利用人造卫星轨道变化作校正，已经可以相当精确地求得地球的各种数据。

表 1－1 所示为 1975 年第 16 届国际大地测量和地球物理学会（IUGG）决议采用的根据人造卫星观测及卫星轨道变化推算的地球形状数据。

表 1－1　地球形状数据

赤道半径(a)	6 378. 140 km	子午线周长	40 008. 08 km
两极半径(c)	6 356. 779 km	表面积	5. 100 7 × 108 km^2
平均半径(a^2c)/3	6 371. 0 km	体积	1. 083 2 × 1 012 km^3
扁率[$d=(a-c)/a$]	1/298. 275	地球质量(M)	(5. 974 2 ± 0. 000 6) × 1 024 kg
赤道周长	40 075. 24 km	万有引力常数(G)	(6. 672 ± 0. 004) × 10^{-4}N · m^2/kg^2

资料来源：IUGG(1975)

1. 1. 5　地球的表面特征

地球的表面积约为 5. 1 亿 km^2，分为陆地和海洋两大部分。陆地面积约为 1. 49 亿 km^2，约占地球表面积的 29%，海洋面积约为 3. 62 亿 km^2，约占地球表面积的 70. 8%。海、陆面积之比为 2. 5∶1，它们在地球表面分布不均匀，65% 以上的陆地分布在北半球。即使如此，陆地也仅占北半球面积的 39%。地球表面形态最明显的特征是高低起伏不平。大陆的平均海拔高度为 875 m，最高处为珠穆朗玛峰，海拔为 8 848. 86 米（2020 年公布数据），最低点为死海，海拔达 －422 m，海洋底平均深度为 3 729 m，最深处为太平洋马里亚纳群岛东侧菲律宾东北部的马里亚纳海沟，深度达 11 034 m。以平均海平面为标准，地球表面上的高度统计有两组数值分布最广泛，一组在海拔 0 ~ 1 000 m 之间，占地球总面积的 20. 8%，一组在海平面以下，其中又以 4 000 ~ 5 000 m 深的海盆面积最广，占地球总面积的 22. 6%。海陆起伏曲线如图 1－3 所示。

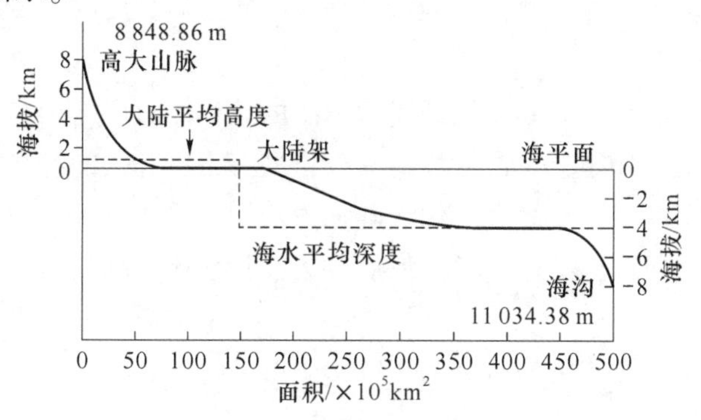

图 1－3　海陆起伏曲线

1. 陆地的表面形态

按高程和起伏特征，陆地表面可分为山地、丘陵、平原、高原、盆地和洼地等地形单元。其中，低于海拔 1 000 m 的平原、丘陵、盆地面积最大，占地球表面积的 20.8%。

（1）山地。山地是地形起伏较大，海拔大于 500 m，相对高程在 200 m 以上的地区。其中，海拔为 500 ~ 1 000 m 的称为低山，海拔为 1 000 ~ 3 500 m 的称为中山，海拔为 3 500 ~ 5 000 m的称为高山，海拔大于 5 000 m 的称为极高山。呈弧形或线性展布的山体称为山脉，如欧洲的阿尔卑斯山脉。世界上的高大山脉多数是地壳强烈运动的区域。在形态、结构、成因上有密切联系的若干山脉的联合体称为山系，如喜马拉雅褶皱带形成的所有山脉称为喜马拉雅山系。

（2）丘陵。丘陵是介于山地和平原之间的高低不平、连续不断的低矮浑圆的小山丘地形。丘陵一般海拔在 250 m 以上、500 m 以下，相对高程一般不超过 200 m，大多数为数十米，如我国的川中丘陵、东南丘陵等。

（3）平原。面积较大且地势平坦或略有起伏、相对高差不超过数十米的平坦广阔地区称为平原。世界上最大的平原是亚马孙平原，面积达 560 万 km^2。我国有华北平原、松辽平原、长江中下游平原等。

（4）高原。海拔、高程在 600 m 以上，地面平坦或起伏不大的广阔地区称为高原。世界著名高原有伊朗高原，埃塞俄比亚高原，巴西高原（世界最大的高原，面积为 500 万 km^2 以上）和我国的蒙古高原、青藏高原（世界最高的高原，海拔 4 000 m 以上）等。

（5）盆地。四周高（为山地或高原）、中部低（平原或丘陵地区）的盆状地形称为盆地。地球上最大的盆地在东非大陆中部，即刚果盆地（或扎伊尔盆地），其面积相当于加拿大的 1/3，另外还有我国的四川盆地、柴达木盆地等。

（6）洼地。近似封闭的比周围地面低洼的地形称为洼地。其有两种情况：①指陆地上的局部低洼部分。洼地因排水不良，中心部分常积水成湖泊、沼泽或盐沼。②指位于海平面以下的内陆盆地。如我国新疆吐鲁番盆地，最低处在海平面以下 154 m，整个盆地有 4 050 km^2 低于海平面，是世界上面积最大的内陆洼地之一。新疆的鲁克沁洼地低于黄海平均海水面 155 m，是我国陆地的最低处。

另外，陆地上有众多的水系和湖泊，它们也是地球表面的重要特征。河流的流动是使地球表面发生变化的重要因素。河流的流动会把山脉和高原切割成纵横交错的沟壑和峡谷，在平原地区形成网状的河系，并不断堆积泥沙，是大陆向海洋扩展的重要方式。

2. 海底的表面特征

海底地形是指海水覆盖下的固体地球表面形态的总称。海底地形与大陆地形一样复杂多样，而且规模上更庞大，外貌上更奇特，既有高耸的海山、起伏的海丘、绵延的海岭、深邃的海沟，也有坦荡的深海平原。海底不像大陆那样长期经受着各种外力的破坏，而是接受以沉积作用为主的改造。所以，总体上看，海底的表面仍然比大陆的表面简单些。

3. 海底表面的分类

根据海底地形特征，海底表面可分为大陆边缘、海岭、海沟、深海盆地等地形单元，如图 1 - 4 所示。

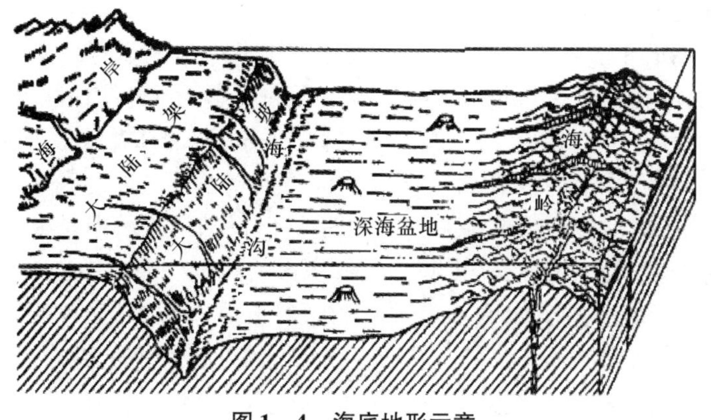

图1－4　海底地形示意

（1）大陆边缘。大陆边缘是大陆与深海盆地之间的过渡地带，约占海洋总面积的22%。它包括大陆架、大陆坡和大陆基。其中，大陆基是大陆坡和大洋盆地的过渡地带；大陆架是大陆边缘的主要地形单元，如图1－5所示。

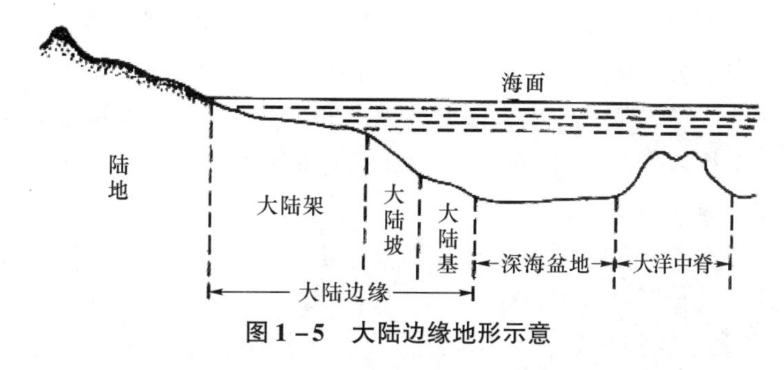

图1－5　大陆边缘地形示意

①大陆架。大陆架是紧靠大陆分布的浅海台地，是大陆在水下的自然延伸部分，是被海水所覆盖的大陆。其范围是海岸线向外海延伸，直至海底坡度显著增大的转折处。大陆架的坡度一般平均在0.1°左右。水深一般不超过200 m，最深可达550 m，平均水深为130 m，平均宽度为75 km。欧亚大陆的北冰洋沿岸的大陆架最发育，宽达500 km以上，印度洋沿岸的大陆架最不发育。我国的大陆架宽度为100～500 km，水深一般为50 m，最大水深为180 m。

在国际法上，大陆架指邻接一国海岸但在领海以外的一定区域的海床和底土。沿岸国有权为勘探和开发自然资源的目的对其大陆架行使主权。大陆架有丰富的矿藏和海洋资源，已发现的有石油、煤、天然气、铜、铁等20多种矿产，其中已探明的石油储量是整个地球石油储量的三分之一。

我国的黄海和东海的海底基本处于大陆架上。黄海水深一般为50～70 m，而东海平均深度也不过100 m左右。在我国的黄海和东海的海底地层中，蕴藏着丰富的泥炭资源，这些泥炭就是远古时期大量陆地植物的遗骸形成的。这说明，在远古时代，黄海和东海的大陆架是一片生长着茂密植物的大平原。只是在最近的地质演变中，这片土地逐渐下沉（或海平面增高），海水入侵才形成了大陆架。另外，在喜马拉雅山山顶上发现了海底的贝壳沉积层。这个事实表明，早在几千万年前，喜马拉雅山地区是海底的大陆架，由于印度洋板块与欧亚板块相互撞击，印度洋板块进入亚欧板块的底部，因此喜马拉雅山地区被不断抬高，并向东扩张。至今，喜马拉雅山依然在增高，且其东部的龙门山地区地震频繁发生，说明近代的地壳运动－喜山运动依然持续不断地进行着。

②大陆坡。大陆坡介于大陆架和大洋底之间，地形明显变得陡峭。大陆坡的水深不超过2 000 m，平均坡度为4.25°。大陆坡以斯里兰卡附近的珊瑚礁岸外缘最陡，其坡度可达35°～45°，大陆坡的宽度为20～100 km，平均宽度为20～40 km。坡脚的深度为1 400～3 000 m。

大陆坡在许多地方被通向深海底的“V”形峡谷所切割。这些海底峡谷深达数百米，两壁陡峭，坡度可达45°以上。有的海底峡谷可能是被淹没的河谷。但是，大多数海底峡谷是由近海底含有大量悬浮碎屑物质且密度较一般海水大的浊流冲蚀而成。

③大陆基。大陆基是大陆坡与深海盆地间的倾斜坡地。大陆基的坡度为5°～35°，一般分布在水深为2 000～5 000 m的海底，主要由海底滑塌浊流和海流搬运的碎屑物堆积而成。海沟发育的太平洋地区没有这一地形单元，而在海沟不发育的印度洋、大西洋中大陆基则广为分布。大陆基的面积约有2 000万km^2，占海洋总面积的5.5%，且厚度很大，平均厚度为2 000 m，是海洋石油开采的远景区域之一。

（2）海岭。一般将海底山脉称为海岭。其中，位于大洋中间常发生地震和地壳运动较强烈的海岭称为洋脊或大洋中脊。

大洋中脊为海底线状隆起地带，为一系列鱼鳍状山脉，其中部最高，中央部位常有一条巨大的裂谷，称为中央裂谷，谷深达1～2 km，谷宽达13～48 km。太平洋的大洋中脊因其裂谷不明显称为洋隆或洋中隆。洋中脊通常高出海底2～3 km，宽度可达1 500～2 000 km。大洋中脊在各大洋中均有分布，且互相衔接，全长达6.5万km，约占地球表面积的1/4，是地球表面最大的“山系”。

（3）海沟。位于海洋中的两壁较陡、狭长的、水深大于6 000 m的沟槽称为海沟。它是地表最低洼的地区，其长度一般为500～4 500 km，宽40～120 km，深度多在6 000 m以上。全球已知海沟近30多条，多发育于大西洋和太平洋。海沟多位于深海盆地的边缘，其两侧边坡中靠近大洋侧的边坡较缓，靠近大陆侧的较陡。

海沟的一个重要特点是在其靠近大陆的一侧有一条与其平行的隆起地形。若海沟紧靠大陆，隆起地形为海岸山脉，二者组成海沟—山弧系；若海沟靠近大陆一侧为海，该隆起为弧形排列的岛屿，弧顶朝向大洋一侧，称为岛屿，二者组成海沟—岛弧系。海沟—岛弧系是地球表面地震频繁的地带，并有火山分布。大陆边缘分为两类，一类由大陆架、大陆坡和大陆基组成，主要分布于大西洋，称为大西洋型大陆边缘；另一类大陆边缘由大陆架、大陆坡和海沟组成，主要分布于太平洋，称为太平洋型大陆边缘。

（4）深海盆地（大洋盆地）。深海盆地位于大洋中脊与大陆边缘之间的平坦地带，是海底地形的主体，占海洋总面积的45%，平均水深为4 000～5 000 m。深海盆地主要有以下三种地形：

①深海丘陵。深海丘陵由低缓的小山丘组成，丘底宽1 000～10 000 km，高50～1 000 m，边坡较陡，顶部平缓，一般为圆形或椭圆形的穹形丘，几乎全部由玄武岩组成。一般认为深海丘陵是由靠近大洋中脊的海底火山形成的。在太平洋中，这类地形覆盖了80%～85%的洋底，是地球表面分布最广的地形单元。

②深海平原。深海平原是被来自大陆的沉积物覆盖的靠近大陆边缘的平缓地形。其坡度很小，均小于1/1 000，广泛分布于大西洋底，是地球表面最平坦的地区。

③海山。海山是深海底部孤立或较孤立的隆起地形，相对高度在1 000 m以上，隐没于

水下或露出海面，其中呈锥状者称为海峰。太平洋上的夏威夷群岛即一系列海峰，其高出海底5 000 m以上，其中冒纳开亚火山的海拔为4 205 m，相对高差在9 000 m以上。海峰大多由火山岩组成。有的海峰顶部平坦，称为截顶山。

海底并不像海面那样善变，一会儿风平浪静，一会儿狂浪滔天。海底的变化漫长而深刻。在海洋的底部有许多低平的地带，周围是相对高一些的海底山脉，这种类似陆地上盆地的构造称为海盆或者洋盆。现在的深海钻探技术有了快速的发展，通过深海钻探可以揭示海底沉积物的类型、变化和矿产资源。实际钻探的结果表明，深海锰结核和多金属软泥是深海底表层矿产中最有开采前景的。目前日本和德国分别研制出了深海采锰结核和多金属软泥的新技术并试采成功。

随着人口的增多和经济的发展，对资源需求的持续增加，面对陆上和沿海资源逐渐枯竭的局面，世界必然将未来发展的重心聚焦于深海领域。世界主要涉海国家均针对深海开发装备技术研发制订了发展战略，并给予政策上的支持。根据深海装备产业领域Orbit专利数据的统计分析，深海装备研发呈现快速增长的趋势。深海科学探测、深海油气和固体矿产资源开发、新能源开发、海底生物资源利用等方面的技术需求将越来越大。因此，深海领域的技术创新必将会越来越活跃。

技能训练

项目1.1　实习区的自然地理概况调查

任务描述：结合自己所在地，重点从以下5个方面收集资料并提交调查报告：

(1) 地形（地质、地貌）；(2) 气候（气候类型及特征）；(3) 土壤［土壤类型（肥沃或贫瘠)］；(4) 植被（自然带、植被覆盖率）；(5) 水文（河流径流量、径流量季节变化与年际变化、含沙量、春夏汛、是否有冰期和凌汛、冰期时间长短等）。

项目1.2　中国南海海洋资源调查

技能目标：掌握中国南海的自然地理特征。

任务描述：重点从以下6个方面收集资料并提交调查报告：

(1) 南海面积；(2) 地形（地质、地貌）；(3) 气候（气候类型及特征）；(4) 洋流特征；(5) 海洋资源量；(6) 开采技术现状及发展前景。

1.2 地　　层

地层是地壳中具有一定层位的一层或一组岩石，包括各种沉积岩、岩浆岩和变质岩。含某种矿产资源的地层如含煤地层是地质工作的对象。在形成时间上地层有老有新，通常，先形成的地层在下，后形成的地层在上。为了能够读懂地质资料和图表，了解矿区构造和矿层分布规律并合理设计开采，必须了解矿区的地层层序、地质时代、标志层等基础知识，以便科学、高效、安全地开采矿产资源。

1.2.1　地层的基本概念

1. 地层

地层泛指岩层，是具有某种共同特征或属性的岩石体，一般指成矿岩层或堆积物。

2. 地层划分

地层划分是指对一个地区的地层剖面根据岩层所具有的不同特征和属性，把岩层划分成不同的单位，建立区域地层层序的工作。地层的特征和属性是多种多样的，如岩层几何形态、接触关系、岩性、岩石组合、化石特征、地球物理和化学性质等，其中任何一个特征都可以作为划分地层的依据。由于依据和标准不同，因此可以划分多种地层单位。目前常用的有岩石地层单位、生物地层单位和年代地层单位三种。

3. 地层对比

地层对比是指在地层划分的基础上，将不同地区或剖面的地层进行比较，以论证其地质时代、地层特征和地层层位的对应关系。由于依据不同，所以方法多种多样，见表 1 – 2。

表 1 – 2　地层划分的主要种类及术语

地层划分的主要种类	地层单位的术语		对应的地质年代单位术语
	正式单位	特殊单位	
岩石地层单位	群 组 段 层	岩群 岩组 杂岩	—
生物地层单位	延限带 间隔带 谱系带 组合带 富集带		—
年代地层单位	宇 界 系 统 阶 时 带		宙 代 纪 世 期 时
层序地层划分	巨层序 超层序 沉积层序 体系域 副层序		—

1.2.2　地层划分和对比的方法

1. 岩石地层学方法

以地层的岩石特征为主要研究内容、以岩性界面为标准划分地层来建立区域地层层序的方法，称为岩石地层学方法。岩相特征是指岩性、岩石组合、岩相、岩层的横向展布和变质程度等。根据岩石特征的相似程度可以建立岩石地层系统。

（1）岩性和岩石组合分析法。岩性是指包括组成岩石的颜色、矿物成分、结构、构造、化石特点等，它是岩石特征中最主要的内容。岩石组合是指一个地质剖面中，自下而上岩性的变化特征，它反映沉积环境的演变。河北蓟县（今蓟州区）、昌平青白口系的岩石地层对比如图1-6所示。剖面下面以页岩为主，夹薄层砂岩和泥灰岩；中部以碎屑岩为主，上部夹多层页岩；顶部夹少量页岩。剖面中岩性明显分为3部分，所以划分为3组。两个剖面虽然地层厚度不同，但岩性相近，地层层位相当，二者可以对比。

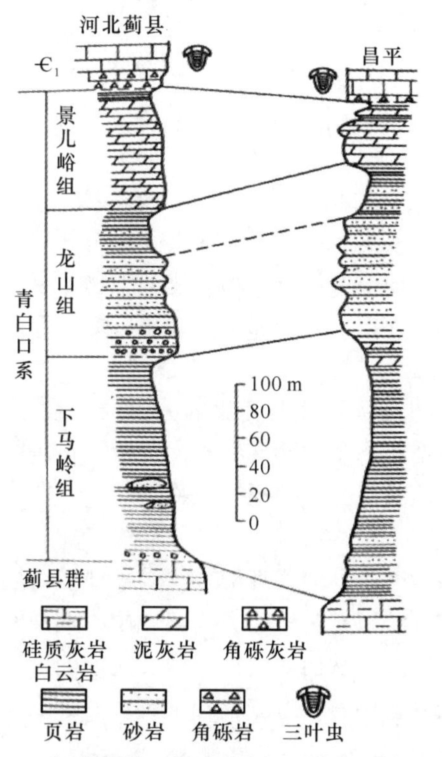

图1-6　河北蓟县、昌平青白口系的岩石地层对比

（2）标志层法。标志层是指地层中厚度不大、岩性稳定、特征明显、容易识别的岩层或矿层，如含煤地层中普遍发育厚度稳定的灰岩层、厚煤层等。

（3）旋回结构法。旋回结构法是指地层垂直剖面上的一套岩性或岩相多次有规律交替的现象。如华北石炭系太原组内“砂岩—含煤页岩—灰岩”沉积序列重复出现3次，构成了3个小旋回，是华北石炭系地层划分对比的重要依据。

岩石地层学方法在地层划分和对比中应用广泛，但它的使用范围仅限于同一沉积盆地，只能确定地层的相对新老关系，不能确定地层形成的具体地质时代。

2. 生物地层学方法

生物地层学方法是以地层所含有的生物化石为主要研究内容，以生物群的变化为标准来划分地层。生物演化具有前进性、不可逆性、阶段性和空间上的同一性，均属于生物演化的基本规律，也是利用古生物化石划分地层单位，确定地层相对年代和进行远距离对比的理论依据。

（1）标准化石法。标准化石是指那些演化迅速、地质历程短、分布广、数量丰富、易于鉴别的古生物遗体化石，如笔石、蜓类、菊石和牙形石等。利用标准化石划分地层，进行广泛的区域对比的方法称为标准化石法。此方法简单、易行、经济、应用广泛，是划分生物地层最常用的方法。但标准化石不一定到处都有，未必每个岩层都能发现，有些岩层不会有化石，如火山岩和变质岩，所以标准化石方法的应用还是有局限性的，如图 1－7 所示。

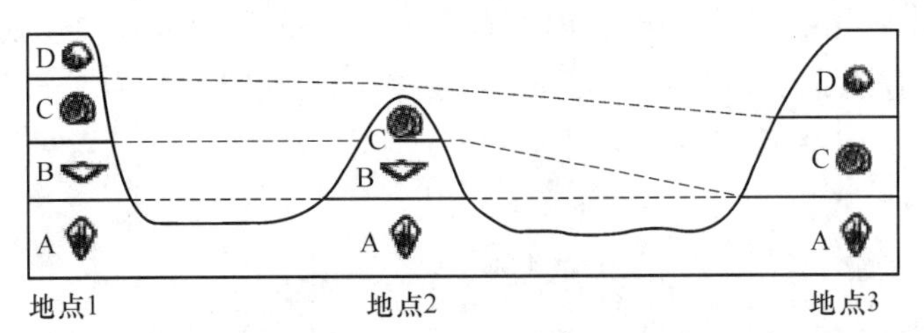

图 1－7 利用标准化石方法进行生物对比示意

(2) 生物组合法。生物组合法是指通过综合分析生物组合特征的方法划分、对比地层。该方法是对生物化石进行全面采集，详细研究各门类化石并进行综合分析，根据生物群总体面貌及其在地层中的变化，对地层进行研究和对比。生物组合法具有相对的地质年龄，但局限性在于必须有生物化石组合存在，对于那些没有化石组合存在的岩层还需要结合其他方法进行划分、对比。

生物面是指其上、下生物地层有显著变化的一个面，或本身有独特生物特征的一个薄层，它被普遍作为一个界限使用。生物面具有对比价值。在进行生物化石对比和合理分统化阶过程中，首先要寻找合理明显而分布广泛的生物面。

3. 接触关系分析法

地层记录了地质历史中地壳运动的表现形式。当某地质时期某地区连续沉降时，该地区就会接受沉积并形成很厚的连续沉积的地层；当某地质时期某地地壳发生上升运动时，该区就会受剥蚀而长期遭受沉积间断，从而缺失这一地质时期的地层；当某一地区发生强烈的地壳运动时，就会使原始岩层发生倾斜、直立，甚至倒转。总之，地层在沉积演化中记录了地壳运动的表现形式。

综合以上几种情况，可将在不同时代形成的地层接触关系分为 3 种：整合接触、不整合接触和假整合接触。这几种关系在划分、对比地层上发挥着重要作用。

4. 古地磁学方法

近年来，科学家发现较古老的地层的磁性方向与现代地磁场的方向不同。岩石在形成过程中会被地磁场磁化，且不会消失。这种与现在地磁场无关的岩石磁性称为剩余磁性。它反映了地质历史时期的地磁场情况，所以研究具有剩余磁场的岩石，可以获得当时古地磁场的特征。通过分析剩余磁性的特点得出古地磁场的特点和位置，对比不同时期古地磁场的位置，可以了解地壳不同部分相对位移的情况，并根据古地磁场的反转周期来确定岩石形成的时代。

5. 放射性同位素地质年龄测定法

前面所讲的划分和对比地层的方法，只能确定岩石的新老关系，但得不到具体时间。另外，在地质历史进程中，生物大量出现并保存有完好化石的条件毕竟有限，在生物出现以前无法利用古生物来划分、对比地层。放射性同位素地质年龄测定法弥补了以上不足，利用放射性同位素的衰变产物的含量，可计算出各种岩石（陨石）、矿物的年龄。

有些同位素是不稳定的，随时间将衰变成一种或多种同位素，每种同位素放射衰变的速率是恒定的。同位素衰变为最初总量的一半所需要的时间称为该同位素的半衰期。累积的衰变产物与原始同位素剩余量的比值，可用来测定含有放射性矿物的岩石年龄。计算公式为：

$$D=N(e^{\lambda}t^{-1})\text{或}t=1/\lambda\times\ln(1+D/N)$$

式中：t——岩石生成的地质年龄，Ma；

λ——衰变常数，$\lambda=0.693\ 1/T$，T为半衰期；

D——产生的终极元素原子数；

N——测得的放射性元素原子数。

6. 层序地层方法

层序又称沉积层序或三级层序，是由一套整合的、成因上相关的地层序列组成的地质体，其顶底界面为不整合面，或与之相当的整合面，属等时性质。

层序地层划分是以各种客观存在的、较易用近代地质－地球物理方法追踪而识别的物理界面为标志所进行的地层划分。实际中，层序地层单位是一种地表露头、钻孔岩芯和地震剖面中都能识别的客观存在的地层单位。形成层序界面的控制因素是海平面升降、基地构造升降和沉积物质的供应丰度。

1.2.3　地层单位的分类

1. 岩石地层单位

在划分岩层层序时，根据岩石特征把单独一个地层或若干有关的地层划分出来，看作一个地层体，就是一个地层单位。所以岩石地层单位都是由岩石构成的，这一点有别于生物地层单位和年代地层单位。岩石地层单位包括群、组、段、层四个级别，见表1－2。

（1）群。群是最大岩石的地层单位，可以由两个或两个以上相邻或相关的具有共同岩性（岩性组合）特征的组组合而成。群还有未研究的岩石系列，研究清楚后可以划分成亚群，也可以再划分成几个组。群与群之间具有明显的沉积间断，多用于陆相地层或前寒武纪的地层，以地名命名（如滹沱群）。

（2）组。组表示基本的岩石地层单位，用于地质填图、描述和阐明区域地质特征。它是野外宏观岩石类型或岩类组合相同或结构类似，颜色相近并呈现整体岩性和变质程度一致的地质体。组的顶底界线清楚，即岩性界线清楚；有一定的厚度，岩性和岩相相对稳定；具有一定的时间属性，组内不能有不整合界线。组一般以地名命名，适用于地区性，如太原组、山西组等。

（3）段。段是组内较其低一级的岩石地层单位，段是组的一部分。段以明显的岩石特征区别于组内其他部分。如华北的太原组，自下而上划分为晋祠段、猫儿沟段和东大窑段。晋祠段因晋祠砂岩发育而得名，海陆交互相沉积，不整合接触于吴家裕灰岩之上，由砂岩、薄煤层和灰岩组成，厚20 m，称为“晋祠杂砂岩”；猫儿沟段为砂岩、页岩、煤层、灰岩互层，其因猫儿沟灰岩而得名，海侵最广泛时期海相灰岩发育（庙沟灰岩、猫儿沟灰岩和斜道灰岩），吴家裕灰岩含丰富的腕足类化石带，浅海沉积，含煤性好；东大窑段灰岩相变页岩相，海侵的尾声，砂岩、砂质泥岩、页岩和煤层互层，含浅海相化石（化石带－C－P标准化石）。

（4）层。层是最小的岩石地层单位，指组内或段内一个特殊的具有明显标志的岩层或矿层，如石膏层、黏土层和银杏树层等。

2. 年代地层单位与地质年代单位

年代地层单位的划分是根据岩石体形成的地质年代进行划分，并根据不同规模岩石体所跨越的时间间隔将其划分为不同级别的年代地层单位。

年代地层单位是指在特定的地质时间间隔中形成的岩石体。形成年代地层单位的地质时间间隔称为地质年代单位。年代地层单位包括宇、界、系、统、阶、时带。与之对应的地质年代单位为宙、代、纪、世、期、时等。

（1）宇（宙）是最大的年代地层单位，是在一个宙的时期内所形成的全部地层。

（2）界（代）是二级年代地层单位，是在一个代的时期内所形成的全部地层。

（3）系（纪）是在一个纪的时期内所形成的全部地层。

（4）统（世）是系内的次级年代地层单位，是在一个世的时期内所形成的全部地层。

（5）阶（期）是年代地层单位的最基本单位，是在一个期的时期内所形成的全部地层。

（6）时带（时）是最低的正式单位，是在一个时的时期内所形成的全部地层，又称为时间带。表1－3所示为中国区域年代地层与地质年代。

表1－3 中国区域年代地层与地质年代

宇（宙）	界（代）	系（纪）	统（世）	Ma
太古宇（宙）AR	始太古界（代）Ar0			3 600
	古太古界（代）Ar1			3 200
	中太古界（代）Ar2			2 800
	新太古界（代）Ar3			2 500
元古宇（宙）PT	古元古界（代）Pt1	滹沱系（纪）Ht		2 300
	中元古界（代）Pt2	长城系（纪）Ch	下（早）长城统（世）Ch1	1 800
			上（晚）长城统（世）Ch2	1 600
		蓟县系（纪）Jx	下（早）蓟县统（世）Jx1	1 400
			上（晚）蓟县统（世）Jx2	1 200
	新元古界（代）Pt3	青白口系（纪）Qb	上（早）青白口统（世）Qb1	1 000
			上（晚）青白口统（世）Qb2	900
		南华系（纪）Nh	下（早）南华统（世）Nh1	800
			上（晚）南华统（世）Nh2	680
		震旦系（纪）Z	下（早）震旦统（世）Z1	680
			上（晚）震旦统（世）Z2	630

续表

宇（宙）	界（代）	系（纪）	统（世）	Ma
显生宇（宙）PH	古生界（代）Pz	寒武系（纪）Є	下（早）寒武统（世）Є1	543
			中寒武统（世）Є2	513
			上（晚）寒武统（世）Є3	500
		奥陶系（纪）O	下（早）奥陶统（世）O1	490
			中奥陶统（世）O2	
			上（晚）奥陶统（世）O3	438
		志留系（纪）S	上（早）志留统（世）S1	410
			中志留统（世）S2	
			下（晚）志留统（世）S3	
			顶（末）志留统（世）S4	
		泥盆系（纪）D	下（早）泥盆统（世）D1	386
			中泥盆统（世）D2	372
			上（晚）泥盆统（世）D3	354
		石炭系（纪）C	下（早）石炭统（世）C1	320
			上（晚）石炭统（纪）C2	295
		二叠系（纪）P	下（早）二叠统（世）P1	277
			中二叠统（世）P2	257
			上（晚）二叠统（世）P3	250
显生宇（宙）PH	中生界（代）Mz	三叠系（纪）T	下（早）三叠统（世）T1	241
			中三叠统（世）T2	227
			上（晚）三叠统（世）T3	205
		侏罗系（纪）J	下（早）侏罗统（世）J1	137
			中侏罗统（世）J2	
			上（晚）侏罗统（世）J3	
		白垩系（纪）K	上（早）白垩统（世）K1	96
			下（晚）白垩统（世）K2	65
	新生界（代）Cz	古近系（纪）E	古新统（世）E1	56.5
			始新统（世）E2	32
			渐新统（世）E3	23.3
		新近系（纪）N	中新统（世）N1	5.3
			上新统（世）N2	2.6
		第四系（纪）Q	更新统（世）Qp	0.01
			全新统（世）Qh	

注：引自《中国区域年代地层（地质年代）表说明书》（地质出版社，2002年），表中古近系（纪）、新近系（纪）曾合称为“第三系（纪）”；二叠系（纪）曾二分为下（早）、上（晚），石炭系（纪）曾三分为下（早）、中、上（晚）。

思考与训练

1. 简述地史时期植物界的主要演化阶段。
2. 地质时期有哪些标准化石？
3. 简述地层的三种接触关系的概念以及在图上的表示方法。

单元2

地球的圈层构造与地质作用

知识目标

了解地球的圈层构造，掌握地质作用的类型。

技能目标

能判断地质作用与岩石矿层的关系。

基础知识

根据地球的物质成分和物理状态的不同，把地球划分为几个连续的同心层状的物质结构，称为地球的圈层构造。这反映了地球的组成物质在空间的分布和彼此之间的关系，表明地球不是一个均质体。地球的圈层结构是在地球漫长的发展过程中逐步形成的。地球以地壳表层为界分为地球的内圈层和外部圈层。内圈层包括地壳、地幔、地核；外圈层包括大气圈、水圈和生物圈。地球的每个圈层都有自己的物质运动特征和物理、化学性质，对地质作用各有程度不同的、直接或间接的影响。

2.1 地球内圈层的划分及其主要特征

2.1.1 地球内圈层的划分

地球内圈层直接的观测资料较少，当前，世界最深的钻孔（苏联的卡拉超深井）也只有12.262 km，相对于地球的平均半径为6 371 km，人类花了大约300年，仅向地心钻进了大约0.2%。目前世界先进水平的矿产勘探开采深度达2 500～4 000 m，而我国大多在500m以内。通过钻孔和勘探来了解地球内部特征毕竟有限。对地球内部构造的研究主要利用地球物理学和天体物理学的资料，得出较为确切的内部圈层构造模式，见表2－1。

表2－1　地球内部圈层和物理数据

内部圈层	深度/km	地震波速度/(km·s^{-1}) 纵波v_P	地震波速度/(km·s^{-1}) 横波v_S	密度ρ/(g·cm^{-3})	压力P/MPa	重力g/(×10m^{-2}·s^{-2})	温度t/℃	附注
地壳	0	5.6	3.4	2.6	0	981	14	岩石圈（固态）
地壳		7.0	4.2	2.9	1 200	983	100~1 000	
莫霍面	33	8.10	4.4	3.32				
地幔·上地幔	60	8.2	4.6	3.34	1 900	984	1 100	
地幔·上地幔	100	7.93	4.36	3.42	3 300	984	1 200	软流圈（部分熔融）
地幔·上地幔	250	8.2	4.5	3.6	6 800	989		
地幔·上地幔	400	8.55	4.57	3.64	7 300	994	1 500	
地幔·上地幔	650	10.08	5.42	4.64	18 500	995	1 900	（固态）
地幔·下地幔	2 550	12.80	6.92	5.13	98 100	1 008		
地幔·下地幔		13.54	7.23	5.56	135 200	1 069	3 700	
古登堡面	2 885							
地核·外核		7.98	0	9.98				液态地核
地核·外核	3 170	8.22	0					
地核·过渡层	4 170	9.53	0	11.42	252 000	760	4 300	固-液态过渡带
地核·过渡层		10.33	0					
	5 155			12.25	328 100	427		
地核·内核		10.89	3.46					固态地核
地核·内核	6 371	11.17	3.50	12.51	361 700	0	4 500	

根据地震波速度的变化特征，将地球内部划分出两个最明显，也是最重要的界面，即莫霍面和古登堡面，如图2－1所示。莫霍面（又称M间断面）是地壳与地幔的分界面，是南斯拉夫地球物理学家莫霍罗维奇于1909年首先发现的。由于各地的厚度不同，所以莫霍面不是一个平坦的界面，而是高低起伏的。在大陆上深度约为33 km，在大洋底深度为11～12 km。

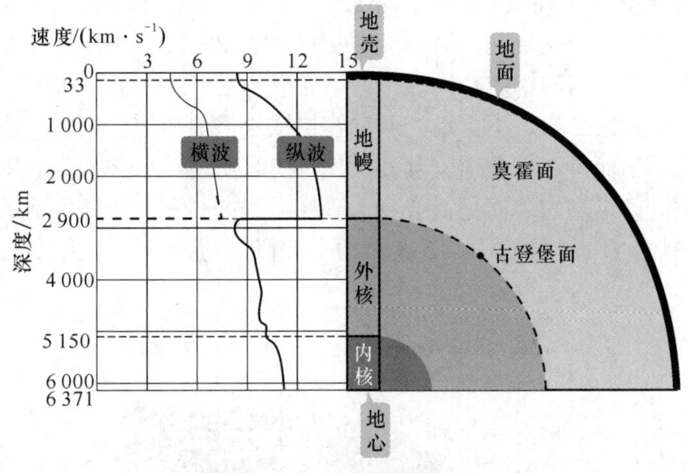

图2－1　地球的圈层构造

地幔与地核的分界面是古登堡面（又称核幔界面），是美国地球物理学家古登堡于1914年提出来的。古登堡面的深度在地下约为2 898 km。根据这两个界面，将地球内部划分为地壳、地幔和地核三个圈层。除上述两个界面外，根据次一级的地震界面，地幔又分为上和下地幔，地核分为外核、过渡层和内核等二级圈层。

2.1.2 地球内圈层的主要特征

地球内圈层分为地壳、地幔和地核三个一级圈层，如图 2－2 所示。

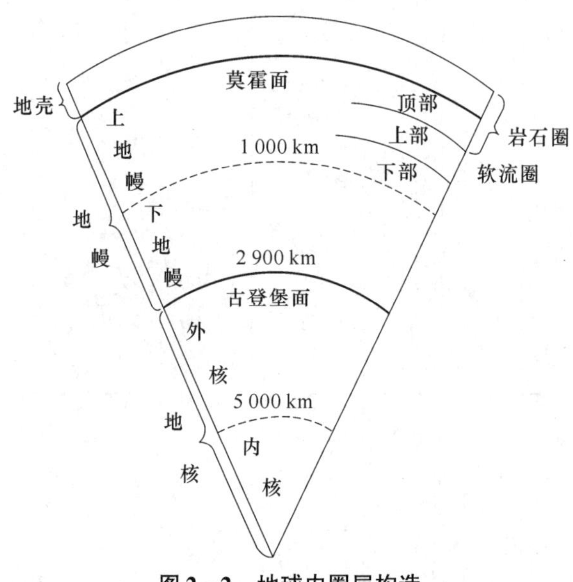

图 2－2 地球内圈层构造

1. 地壳

地壳是地球内圈层中最外的一个圈层，位于地表和莫霍面之间，是固态岩石圈的组成部分。地壳按结构特点分为大陆地壳和大洋地壳。大洋地壳很薄，平均厚度只有 6 km，一般厚度为 5～10 km。大陆地壳较厚，一般厚度为 20～80 km，平均厚度约为 35 km。地壳下界是起伏不平的。地壳厚的地方已经陷入上地幔中。整个地壳平均厚约 16 km，只有地球半径的 1/400。

大陆地壳是指大陆部分的地壳，它具有双层结构，如图 2－3 所示。上层地壳叫硅铝层或花岗岩质层，因其成分与硅铝质花岗岩一致而得名。这一层只有大陆地壳才有。大洋地壳缺少此层，因此呈不连续分布。下层地壳叫硅镁层或玄武岩质层，因其与由硅、镁、铁、铝组成的玄武岩成分相当而得名。此层大陆及大洋都有且呈连续分布。但大陆地壳的硅镁层成分不如大洋地壳的硅镁层均匀，而是混合有大量变质程度很深的中酸性成分。由硅铝层到硅镁层其密度逐渐增加，平均增加 0.1～0.5 g/cm^3。硅铝层密度为 2.6～2.7 g/cm^3，硅镁层密度为 3.3 g/cm^3。

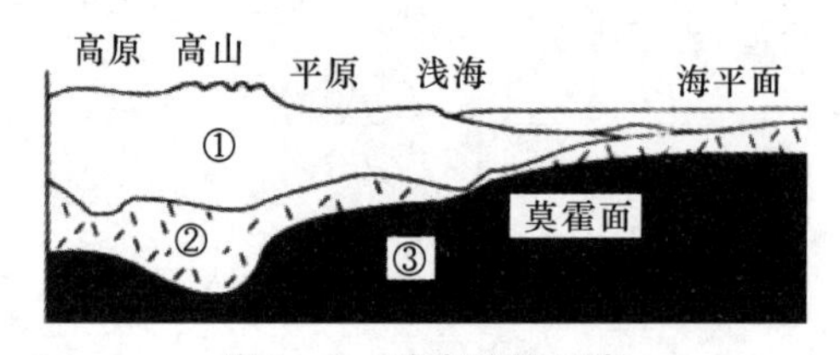

图 2－3 地壳结构示意

①—硅铝层；②—地壳硅镁层；③—地幔硅镁层

大洋地壳是深海盆地部分的地壳，它只有硅镁层。习惯上把海水以下的大洋地壳从上到下分为以下三层：

（1）海洋沉积物层。其平均厚度约为300 m，厚度变化大，可以从零（特别是大洋中脊附近）变化到几千米（大陆附近）；

（2）固结的沉积物和玄武岩。其厚度不均匀，为0.5～2 km；

（3）硅镁层。其厚度在4 km以上。

大洋地壳的平均厚度为11～12 km，岛弧带厚度较大，为10～30 km。

2. 地幔

地幔介于地壳与地核之间，又称中间层。其是自地壳以下至2 900 km深处。地幔厚2 800 km，体积占整个地壳体积的82.3%，质量占地球总质量的67.8%，是地球的主体部分。根据地震波速度变化特征将地幔在地下984 km处分为上、下两层，上地幔的平均密度为3.58 g/cm^3。根据地震、波速、地质和陨石资料，上地幔的物质成分相当于含铁、镁很高的超基性岩，称为地幔岩。

上地幔地震波速度变化较为复杂，表明其物质状态是多变的。在60～400 km深度范围内，地震波速度下降，在400 km以下地震波速度又逐渐上升，其中在100～150 km深度范围内降到最低，形成低速带。构造地质学中称低速带为软流圈，把地壳和上地幔合称为岩石圈。

下地幔密度较大，达5.18 g/cm^3以上，深度为984～2 900 km，其物质成分一般认为是以铁镁硅酸盐矿物为主，其化学成分与上地幔无明显差别。

3. 地核

古登堡面以下至地心的部分为地核。其厚度为3 473 km，占整个地球体积的16.3%，占地球总质量的1/3，一般认为其物质成分为铁、镍。根据地震波速度变化特征，可将地核分为外核、过渡层和内核。外核为液态物质，其平均密度为10.58 g/cm^3，厚度为1 742 km，温度超过了岩石的熔点。过渡层厚度只有515 km，是液态、固态过渡的一个圈层。内核为固态物质，其厚度为1 216 km，平均密度为12.9 g/cm^3。

2.2　地球外圈层的划分及其特征

2.2.1　地球外圈层的划分

地球外圈层是指包围地球表层至星际的空间。根据其物理性质和状态的差异可分为大气圈、水圈和生物圈。大气圈和水圈的形成先于生物圈，而生物圈的形成又对大气圈、水圈及地球表层的演化产生巨大的影响。由于地壳运动给地球外圈层增添了许多来自地球内部的物质成分，而外圈层又在太阳能的作用下对地球表层的面貌不断进行改造，因此许多重要矿产如石油、煤、盐岩、石膏和大部分铁铝等矿产的形成，都与这一过程密切相关，如图2-4所示。

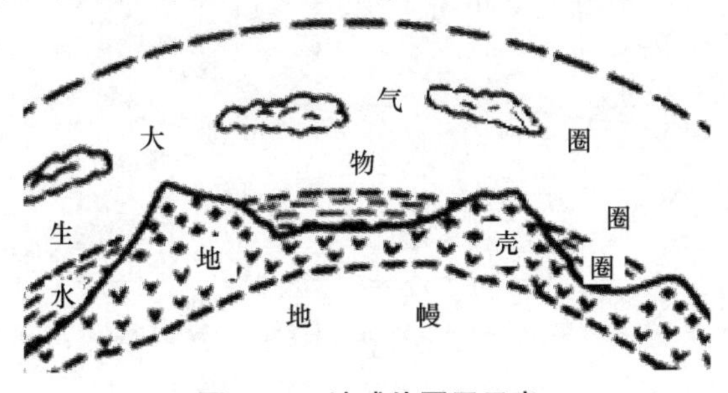

图2-4　地球外圈层示意

2.2.2 地球外圈层的主要特征

1. 大气圈

大气圈由包围在地球最外部的气体组成，厚达几万千米，总质量约为 5.3×10^{18} kg，约为地球总质量的百万分之一。由于受地心引力作用，地球表面大气最稠密，几乎全部大气集中在距离地面 100 km 以内的高度范围内，并且其中 3/4 又集中在 10 km 高度范围内。海平面的平均气压为 0.101 3 MPa，至 20 km 大气压约为地面压力的 1/10。因此，由接近地面向外，大气密度和大气压均逐渐变小。大气温度随高度的增加而呈不规则变化。在距地面约 10 km 高度内，气温随高度增加而下降；在 10～50 km 高度，气温随高度增加而增高；在 50～80 km 高度，气温随高度增加而下降，最低可达 -100 ℃；在 80～500 km 高度，气温随高度增加而增高；500 km 高度以外为等温。

大气的成分随高度的不同也发生变化。通常所谓的空气是指高度在 100 km 以下的大气，主要由 18 种气体混合而成，主要成分为氮（N_2）约占 78%，氧（O_2）约占 21%，稀有气体［氦（He）、氖（Ne）、氩（Ar）、氪（Kr）、氙（Xe）、氡（Rn）］约占 0.939%，二氧化碳（CO_2）约占 0.031%，还有其他气体和杂质约占 0.03%，如臭氧（O_3）、一氧化氮（NO）、二氧化氮（NO_2）、水蒸气（H_2O）等，其中二氧化碳、臭氧、水蒸气等次要成分对地质作用有较大意义。低层大气中除气体外，还含有大气微粒，包括液体和固体粒子。其来源有陆地的岩石、矿物、尘粒，海洋的盐粒和生物的孢子、花粉等。大气中的水汽借助大气微粒凝结成雾、云、雨、雪，形成各种天气现象。因此，大气微粒对地表的气象变化起重要的作用。大气圈结构示意如图 2-5 所示。

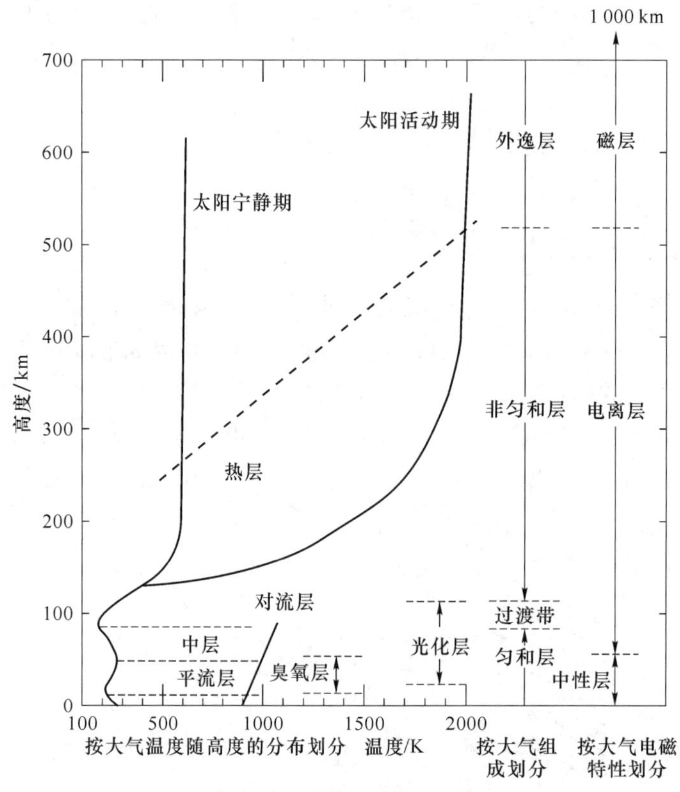

图 2-5 大气圈结构示意

随着全球工业的飞速发展，各种污染物进入大气圈，臭氧层遭到破坏，温室气体不断增加，改变气候和生物生存环境，导致大气污染。

2. 水圈

地球表面的3/4 面积被海洋覆盖，一些高山和极地上发育有冰川和冰盖，陆地上分布着河流、湖泊和沼泽，近地表的岩石孔隙和裂隙中存在地下水，它们构成了围绕地球表面的连续水圈。大部分水集中在海洋，极地的冰盖和高山上的冰川约占水量的1.7%，其余为分布在陆地上的各种水系——河流、湖泊、沼泽及地下水。表2－2 所示为地球上各类型水量估计数。

表2－2　地球上各类型水量估计数

水体种类	水储量/ $\times 10^{12}$ m^3	占水量的百分率/%	咸水/ $\times 10^{12}$ m^3	占水量的百分率/%	淡水/ $\times 10^{12}$ m^3	占水量的百分率/%
海洋水	1 338 000	96. 538	1 338 000	99. 041	—	—
冰川与积雪	2 406 401	1. 736 2	—	—	24 064. 1	68. 697 3
地下水	23 400	1. 688 3	12 870	0. 952 7	10 530	30. 060 6
永冻层中冰	300	0. 021 6	—	—	300	0. 856 4
湖泊水	176. 4	0. 012 7	85. 4	0. 006 3	91	0. 259 8
土壤水	16. 5	0. 001 2	—	—	16. 5	0. 047 1
大气水	12. 9	0. 000 9	—	—	12. 9	0. 036 8
沼泽水	11. 47	0. 000 8	—	—	11. 47	0. 032 7
河流水	2. 12	0. 000 2	—	—	2. 12	0. 003 2
生物水	1. 12	0. 000 1	—	—	1. 12	0. 003 2
总计	1 385 984. 61	100	1 350 955. 4	100	35 029. 21	100

资料来源：地球资源水资源，中国数字科技馆（http：//amuseum. cdstm. cn/AMuseum/diqiuziyuan/wr0_ 1. html. ）。

3. 生物圈

地球上的生物（动物、植物和微生物）以及它们生存和活动的范围称为生物圈。生物分布很广，但大部分都集中在地表和水圈上层，特别是阳光、空气、水和温度都适宜的环境中。生物圈主要由生命物质、生物生成性物质和生物惰性物质三部分组成。生命物质又称活质，是生物有机体的总和；生物生成性物质是由生命物质所组成的有机矿物质相互作用的生成物，如煤、石油、泥炭和土壤腐殖质等；生物惰性物质是指大气低层的气体、沉积岩、黏土矿物和水。

地球自形成以来，通过其生命过程的光合作用和呼吸作用，使碳、氢、氧、氮及一些金属元素产生复杂的化学循环（图2－6），形成一系列生物地质作用，从而改变地球表面的物质成分和结构。在生物圈中最活跃的是微生物，其繁殖力惊人。在地质作用中，细菌活动的踪迹随处可见，因此对细菌的作用不可忽视。

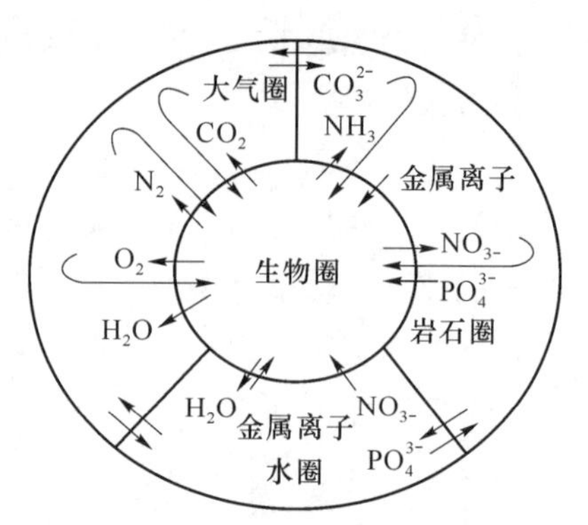

图 2-6 地球物质循环示意

2.3 地质作用

地球自形成以来，经历了漫长复杂的变化。地球内部的每一个圈层及地表的形态、内部结构和物质成分，都在不断地运动变化着。地质学上把引起地球这些变化的作用称为地质作用，把这种力称为地应力。根据地应力的来源，地质作用可分为外力地质作用和内力地质作用。

2.3.1 外力地质作用

外力地质作用的地应力来源于地球外部的太阳能和宇宙空间能。太阳能引起地球外圈层（大气圈、水圈和生物圈）的物质循环运动，形成了风、流水、冰川等地应力，并产生各种地质作用。地应力不同，产生的作用也不同，形成的产物也不同。按照作用的方式，外力地质作用可分为风化作用、剥蚀作用、搬运作用、沉积作用和固结成岩作用。

1. 风化作用

风化作用是指地壳的岩石和矿物在水、生物和地温的变化影响下，原地崩裂成小块、细砂或泥土，或者由于各种化学作用使原矿物分解而破坏的地质作用。风化作用是对原始岩石和矿物的一种破坏作用。风化作用按照其作用方式或者产生原因又分为物理风化作用、化学风化作用和生物化学风化作用。物理风化作用是原始岩石的机械式破坏作用，主要有地温的变化、流水和生物的搬运破坏作用；化学风化作用是指矿物和岩石在水、二氧化碳、氧气及酸类物质的共同作用下发生的化学分解破坏作用；生物化学风化作用是指生物的新陈代谢和遗体腐烂而产生的腐殖酸对周围矿物和岩石的腐蚀破坏作用。

2. 剥蚀作用

剥蚀作用是指经过风、流水、冰川、海流、海浪等自然应力，把地表岩石和矿物风化后的产物从原地剥离开来的作用。剥蚀作用对岩石破坏的同时，还使经剥离后露出的新鲜岩石继续遭受风化作用。所以剥蚀作用和风化作用相互依赖又相互影响，二者都是对原始矿物和岩石的一种破坏作用。

3. 搬运作用

搬运作用是指通过自然外力（风、流水、冰川及生物等）搬运剥蚀下来的物质离开原始剥蚀区的作用。黏土物质和碎屑物质以机械的方式被搬运到新环境沉积下来，而经化学风化作用和剥蚀作用分解的产物常呈溶液（胶体溶液或饱和溶液）的形式被搬运而沉积下来。

4. 沉积作用

被搬运的物质经过一段距离的运移，当搬运介质的能量减小、条件发生改变或者在生物作用下，在新的环境中堆积下来的作用，称为沉积作用。在地表陆地低洼的地方，沉积作用表现特别明显。与陆地相比，海洋是最广阔稳定的沉积场所，以剥蚀作用为主的陆地，大部分地区的堆积都是暂时的。沉积作用因方式不同可分为以下三类：

（1）机械方式。使被搬运的物质（如泥、沙、砾及生物遗骸等）以碎屑状态堆积下来，经固结成岩作用而形成碎屑岩类；

（2）生物方式。由于生物的新陈代谢、活动或死亡等原因堆积下来，经固结成岩作用而形成生物化学岩类；

（3）化学方式。被搬运物质从真溶液或胶体溶液中沉淀而堆积下来，经固结成岩作用而形成化学岩类。

由沉积作用沉积下来的物质统称为沉积物，再经固结成岩作用而形成沉积岩。

5. 固结成岩作用

堆积在新环境中的疏松沉积物随环境变化并在脱水、压实等作用下形成新的沉积岩的过程称为固结成岩作用。沉积作用受两个条件约束：其一是沉积物的原始成分；其二是沉积岩形成后外界环境（如温度、压力、水及生物等）的变化。在成岩的不同阶段，外界环境所起的作用也不同，但沉积物的原始成分是主要因素。固结成岩作用过程包括压紧作用（形成黏土岩类）、胶结作用（形成碎屑岩类）和重结晶作用（形成化学岩和生物化学岩类）。

整个外力地质作用过程不是孤立存在的，而是相互联系、相互影响的复杂过程。有时是几个过程交替进行。例如，风化和剥蚀可能同时进行，在剥蚀的同时搬运也在进行，沉积物堆积下来后，也许再被剥蚀和搬运等。

外力地质作用是地壳表层的改造过程。这个改造过程受到各种条件的控制，因此，在地表的不同地区会形成不同的矿物岩石及矿产资源。气候和地形在外力地质作用的组合中起主导作用。各种外力地质作用，除风化作用外，对地表的改造过程都遵循“风化—剥蚀—搬运—沉积—固结成岩”的顺序。

2.3.2　内力地质作用

地球内部能量（热能、重力能、辐射能等）引起的地质作用称为内力地质作用。内力地质作用发生在地壳深处，但常常波及地表，使岩石圈发生变形、变质或重新溶解而形成新的岩石；或者使岩石圈分裂、融合、变位、漂移，使大地构造格局发生变化。内力地质作用可分为地壳运动、地震作用、岩浆作用和变质作用。

1. 地壳运动

由地球内部能量引起的导致地壳和岩石圈的物质发生变形和变位的机械运动称为地壳运动。地壳运动的结果会使地壳隆起或沉陷，岩层发生褶皱和断裂。地壳运动能使海陆变迁，并形成山岳和洼地。

地壳运动按照运动方式可分为水平运动和垂直运动。在水平运动中，地壳岩层沿水平方向位移，运动过程受阻则使岩层产生褶皱，遇到引张力则会断裂。由于水平运动常在地表形成高山，又称为造山运动。垂直运动是指垂直地表的方向发生的运动，又称升降运动。垂直运动造成地壳大规模的隆起和沉陷，引起地势高低变化和海陆变迁。以上两种运动不可能截然分开，只是在某一地质时期内某一局部地区可能以水平运动为主，也可能以垂直运动为主。根据地壳发展史，地壳运动的总趋势是水平运动占主导地位，垂直运动是派生运动。

2. 地震作用

地震波的震动使岩石圈（地壳和上地幔的固态岩石）构造发生改变的作用称为地震作用。地震是蓄积在岩石圈内的能量突然释放而导致的大地颤动，是地壳运动的特殊形式，也是常见的地质现象。根据引起地震的原因将地震作用分为构造地震（由地壳运动引起）、火山地震（由火山活动引起）、陷落地震（由地层突然陷落引起）和诱发地震（由人为活动、岩爆或余震引起）。

发生在海底的地震称为海震，海震引起海浪的剧烈运动形成海啸。全球海啸发生区域与地震带一致。

地下深处产生地震的地区称为震源，震源是地震能量蓄积和释放的地方，地震波从震源出发向四周传播。

震源在地面的垂直投影称为震中。震中是破坏最强烈的地区，可视为地面的震动中心，也称震中区。地震释放的能量用震级表示。一次地震只有一个震级。发生地震时从震源发出的能量越大，震级就越大。震级可以通过地震仪记录的地震波振幅来测量。我国目前使用里氏分级表，震级共分 9 个等级。震级能量越大，震级数字越大，震级每差一级，释放的能量约差 32 倍。一般将震级≥8 的地震称为特大地震；震级≥7 的地震称为大地震；5≤震级 <7 的地震称为中震（又称为强震）；3≤震级 <5 的地震称为弱震（有感地震）；1≤震级 <3 的地震称为微震；震级 <1 的地震称为极微震（人感觉不到，但仪器能测到）。迄今记录最大为 8.9 级的地震，于 1960 年发生在的南美洲智力。地震对地表和建筑物的影响和破坏称为地震烈度，见表 2-3。

表 2-3　中国地震烈度简表（GB/T 17724—2008）

地震烈度	人的感觉	房屋震害			其他震害现象	水平向地震动参数	
		类型	震害程度	平均震害指数		峰值加速度/($m \cdot s^{-2}$)	峰值速度/($m \cdot s^{-1}$)
Ⅰ	无感	—	—	—	—	—	—
Ⅱ	室内个别静止中的人有感觉	—	—	—	—	—	—
Ⅲ	室内少数静止中的人有感觉	—	门窗轻微作响	—	悬挂物微动	—	—

续表

地震烈度	人的感觉	房屋震害			其他震害现象	水平向地震动参数	
		类型	震害程度	平均震害指数		峰值加速度/($m\cdot s^{-2}$)	峰值速度/($m\cdot s^{-1}$)
Ⅳ	室内多数人、室外少数人有感觉，少数人在梦中惊醒	—	门窗作响	—	悬挂物明显摆动，器皿作响	—	—
Ⅴ	室内绝大多数人、室外多数人有感觉，多数人在梦中惊醒	—	门窗、屋顶、屋架颤动作响，灰土掉落，出现细微裂缝，个别屋顶烟囱掉砖	—	悬挂物大幅度晃动，不稳定器物摇动或翻倒	0.31（0.22～0.44）	0.03（0.02～0.04）
Ⅵ	多数人站立不稳，少数人惊逃户外	A	少数中等破坏，多数轻微破坏和/或基本完好	0.00～0.11	家具和物品移动；河岸和松软土出现裂缝，饱和沙土出现喷砂冒水；个别独立砖烟囱出现轻微裂缝	0.63（0.45～0.89）	0.06（0.05～0.09）
		B	个别中等破坏，少数轻微破坏，多数基本完好				
		C	个别轻微破坏，大多数基本完好	0.00～0.08			
Ⅶ	多数人惊逃户外，骑自行车的人有感觉，行驶中的汽车驾乘人员有感觉	A	少数毁坏和/或严重破坏，多数中等和/或轻微破坏	0.09～0.31	物体从架子上掉落，河岸出现塌方，饱和沙层常见喷砂冒水，松软土地上裂缝较多，大多数独立砖烟囱中等破坏	1.25（0.90～1.77）	0.13（0.10～0.18）
		B	少数中等破坏，多数轻微破坏和/或基本完好				
		C	少数中等和/或轻微破坏，多数中等和/或轻微破坏，多数基本完好	0.07～0.22			

续表

地震烈度	人的感觉	房屋震害			其他震害现象	水平向地震动参数	
		类型	震害程度	平均震害指数		峰值加速度/(m·s^{-2})	峰值速度/(m·s^{-1})
Ⅷ	多数人摇晃颠簸，行走困难	A	少数毁坏，多数严重和/或中等破坏	0.29～0.51	干硬土上出现裂缝，饱和砂层绝大多数喷砂冒水；大多数独立砖烟囱严重破坏	2.50（1.78～3.53）	0.25（0.19～0.35）
		B	个别毁坏，少数严重破坏，多数中等和/或轻微破坏				
		C	少数严重和/或中等破坏，多数轻微破坏	0.20～0.40			
Ⅸ	行动的人摔倒	A	多数严重破坏和/或毁坏	0.49～0.71	干硬土上多处出现裂缝，可见基岩裂缝、错动，常见滑坡、塌方；独立砖烟囱多数倒塌	5.00（3.54～7.07）	0.50（0.36～0.71）
		B	少数毁坏，多数严重和/或中等破坏				
		C	少数毁坏和/或严重破坏，多数中等和/或轻微破坏	0.38～0.60			
Ⅹ	骑自行车的人会摔倒，处于不稳状态的人会摔离原地，有抛起感	A	绝大多数毁坏	0.69～0.91	山崩和地震断裂出现，基岩上拱桥破坏；大多数独立砖烟囱从根部破坏或倒毁	10.00（7.08～14.14）	1.00（0.72～1.41）
		B	大多数毁坏				
		C	多数毁坏和/或严重毁坏	0.58～0.80			

续表

<table>
<tr><th rowspan="2">地震烈度</th><th rowspan="2">人的感觉</th><th colspan="3">房屋震害</th><th rowspan="2">其他震害现象</th><th colspan="2">水平向地震动参数</th></tr>
<tr><th>类型</th><th>震害程度</th><th>平均震害指数</th><th>峰值加速度/(m·s^{-2})</th><th>峰值速度/(m·s^{-1})</th></tr>
<tr><td rowspan="3">XI</td><td rowspan="3">—</td><td>A</td><td rowspan="3">绝大多数毁坏</td><td>0.89～1.00</td><td rowspan="3">地震断裂，延续很大，大量山崩滑坡</td><td rowspan="3">—</td><td rowspan="3">—</td></tr>
<tr><td>B</td><td rowspan="2">0.78～1.00</td></tr>
<tr><td>C</td></tr>
<tr><td rowspan="3">XII</td><td rowspan="3">—</td><td>A</td><td rowspan="3">几乎全部毁坏</td><td rowspan="3">1.00</td><td rowspan="3">地面剧烈变化，山河改观</td><td rowspan="3">—</td><td rowspan="3">—</td></tr>
<tr><td>B</td></tr>
<tr><td>C</td></tr>
<tr><td>说明</td><td colspan="7">1. 数量词“个别”“少数”“多数”“大多数”和“绝大多数”，其范围界定如下：“个别”为10%以下；“少数”为10%～45%；“多数”为40%～70%；“大多数”为60%～90%；“绝大多数”为80%以上。
2. 用于评定烈度的房屋，A类表示木构架和土石砖墙建造的旧式房屋；B类表示未经抗震设防的单层或多层砖砌体房屋；C类表示按照Ⅶ度抗震设防的单层或多层砖砌体房屋。
3. 房屋的破坏等级分为“基本完好”“轻微破坏”“中等破坏”“严重破坏”和“毁坏”5类，定义为：“基本完好”表示不加修理可以继续使用；“轻微破坏”表示不需要修理或稍加修理即可以使用；“中等破坏”表示需要一般修理即可使用；“严重破坏”表示修复困难；“毁坏”表示无修复可能（参考《中国地震烈度简表（2008）》说明）。</td></tr>
</table>

地震震中集中分布的地区叫作地震带。从世界范围看，地震活动带与火山活动带大体一致，主要集中在环太平洋地震带、地中海—喜马拉雅地震带、大洋地震带（如大西洋中脊、印度洋海岭、太平洋中隆地震带）、大陆裂谷地震带（如亚丁湾及北海、夏威夷群岛、东非大裂谷及贝加尔湖等）。

3. 岩浆作用

地表深处的岩浆在地应力的作用下沿构造薄弱带上升或喷出地表而固结成岩的作用称为岩浆作用。由岩浆冷凝形成的岩石称为火成岩（又称为岩浆岩）。其中岩浆侵入地壳之中称为侵入作用，岩浆喷出地表称为喷出作用。喷出作用形成的岩石称为喷出岩（如玄武岩），侵入作用形成的岩石称为侵入岩。侵入深度小于3 km的侵入岩为浅成侵入岩（如辉绿岩），侵入深度大于3 km的侵入岩为深成侵入岩（如花岗岩）。

4. 变质作用

在地壳形成发展演化过程中，由于环境和条件的变化使原始岩石发生成分、结构和构造的变化而形成新的岩石的作用称为变质作用。其可分为接触变质作用、动力变质作用、气液变质作用、区域变质作用和混合岩化变质作用。由变质作用形成的岩石称为变质岩。

地壳自形成以来，各种地质作用相互依存。内力地质作用形成高山和盆地，外力地质作用则削低高山、填平盆地；一个地区发生隆起，相邻地区则发生凹陷；高山上的矿物岩石受到风化剥蚀和破坏，而被破坏的物质又被搬运到低洼处堆积形成新的矿物岩石等。地质作用时刻不停地进行着，在破坏地球的同时也在塑造着地球，但在不同条件下地质作用发展不平衡，有些地质作用迅速，而有些地质作用十分缓慢，甚至不被察觉，但在地质历史时期却产生巨大的地质后果。地质作用是推动地球演变发展的动力，使地表形态、内部结构、岩石和矿产资源不断富集和改造。岩石转化与地质作用的关系示意如图 2 - 7 所示。

三大类岩石具有不同的形成条件和环境，而岩石形成所需的环境条件又会随着地质作用的进行不断地发生变化。沉积岩和岩浆岩可以通过变质作用形成变质岩。在地表常温、常压条件下，岩浆岩和变质岩又可以通过母岩的风化作用、剥蚀作用和一系列的沉积作用而形成沉积岩。变质岩和沉积岩进入地下深处后，在高温高压条件下又会发生熔融形成岩浆，经结晶作用而变成岩浆岩。因此，在地球的岩石圈内，三大类岩石处于不断的演化过程之中。

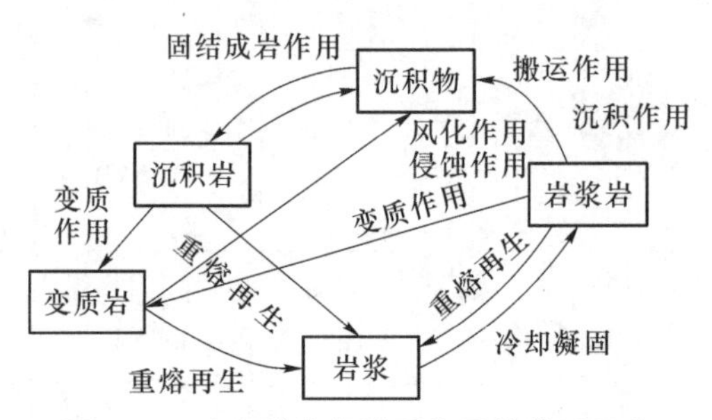

图 2 - 7　岩石转化与地质作用的关系示意

思考与训练

1. 简述世界地震带及我国地震带的分布范围。
2. 简述三类岩石的相互转化与地质作用的关系。

单元3

矿物与岩石的鉴定

知识目标

掌握常见矿物和岩石的特征。

技能目标

能鉴别常见的矿物和岩石。

基础知识

矿物是天然产出的，具有一定的化学成分和有序的原子排列，通常由无机化学作用形成的均匀固体。与人造矿物的区别在于，矿物是地质作用的产物，化学成分相对稳定。目前已发现的矿物大约有3 000种，随着现代研究手段的改进，逐年不断有新矿物发现，近年平均每年发现四五十种新矿物。矿物根据其化学成分分为5大类：自然元素矿物、硫化物类矿物、卤化物类矿物、氧化物及氢氧化物类矿物、含氧盐类矿物。下面重点介绍与沉积矿产有关的几种常见造岩矿物（组成岩石的重要矿物）的鉴定特征。

3.1 矿物的鉴定

3.1.1 自然元素矿物的鉴定

自然元素矿物包括石墨（C）和金刚石（C）。

1. 石墨（C）

石墨通常为鳞片状、片状或块状集合体；呈铁黑色或钢灰色，条痕黑灰色，晶体良好者具强金属光泽，块状体光泽暗淡，不透明；有一组极完全解理，摩氏硬度为1 ~2，薄片具挠性；密度为2.09 ~2.23；具滑腻感，有高度导电性，耐高温（熔点高）；化学性稳定，不溶于酸。

鉴定特征：钢灰色，染手染纸，有滑腻感。

石墨多在高温低压条件下的还原作用中形成，见于变质岩中；一部分由煤炭变质而成；石墨也常见于陨石中。石墨可制坩埚、电极、铅笔、防锈涂料、熔铸模型以及在原子能工业中用作减速剂。我国主要的石墨产地有山东、黑龙江、内蒙古、吉林、湖南等省。

2. 金刚石（C）

金刚石晶体类似球形的八面体或六面体。无色透明，含杂质者呈黑色（黑金刚），有强金刚光泽，摩氏硬度为10；解理完全，性脆；密度为3.47～3.56 t/m^3；在紫外线下发荧光，具有高度的抗酸碱性和抗辐射性。

鉴定特征：最大硬度（摩氏硬度为10）和强金刚光泽。

金刚石多产于一种叫金伯利岩的超基性岩中，少数见于砂矿中。含金刚石的岩石风化后可形成砂矿。透明金刚石琢磨后称为钻石。不纯金刚石用于钻探研磨工具如钻头和玻璃刀等。目前，金刚石还用于红外、微波、激光、三极管、高灵敏度温度计等各种尖端技术方面。

非洲扎伊尔和南非金伯利为著名的金刚石产地，我国的山东、辽宁、湖南、贵州、西藏都发现有原生金刚石或金刚石砂矿。

3.1.2 硫化物类矿物的鉴定

硫化物类矿物是金属元素与硫的化合物，有200多种，铜（Cu）、铅（Pb）、钼（Mo）、锌（Zn）、砷（As）、锑（Sb）、汞（Hg）等金属矿床多由此类矿物富集而成，具有很高的经济价值。

（1）辉铜矿（Cu_2S）。少见有完好晶体的，一般呈块状、粒状集合体；呈铅灰至黑色（表面有时具翠绿色或天蓝色小斑），条痕为黑灰色，有金属光泽（风化面常有一层无光被膜），不透明；摩氏硬度为2～3，解理不清楚，稍具延展性；密度为5.5～5.8 t/m^3。

鉴定特征：呈黑铅灰色，硬度低，用刀尖可以刻出光亮痕迹。

辉铜矿大部分是原生硫化物氧化分解再经还原作用而成的次生矿物。其含铜成分高，是最重要的炼铜矿石。我国云南东川铜矿等有大量辉铜矿。

（2）方铅矿（PbS）。晶体常为六面体或六面体与八面体的聚形；一般呈致密块状或粒状集合体；呈铅灰色，条痕为黑灰色，有金属光泽，不透明；摩氏硬度为2.5～2.75，三组完全解理，性脆；密度为7.4～7.6 t/m^3。

鉴定特征：铅灰色，硬度低，密度大，可以碎成立方小块。

方铅矿为最重要的铅矿石，常与银伴生，也是重要的炼银矿石。我国方铅矿产地多，湖南常宁县水口山为知名产地。近年在云南兰坪、广东凡口、青海锡铁山等地发现特大型铅锌矿床，其储量已跃居世界前列。

（3）闪锌矿（ZnS）。一般多为致密块状或粒状集合体；呈浅黄、黄褐到铁黑色（视含Fe多少而定），条痕较矿物色浅，呈浅黄或浅褐色；有金刚光泽（新鲜解理面）、半金属光泽（深色闪锌矿）或稍具松脂光泽（浅色闪锌矿）；半透明（浅色者）到不透明（深色者）；摩氏硬度为3.5～4；六组完全解理，性脆；密度为3.9～4.1 t/m^3。

鉴定特征：颜色不太固定，但条痕经常比矿物颜色浅（浅黄褐色），稍具松脂光泽，棱角或碎块透光，多向完全解理。

闪锌矿为最重要的锌矿石，其中常含有镉（Cd）、铟（In）、镓（Ga）等类质同象混入物，是有价值的稀有元素。闪锌矿常与方铅矿共生。我国闪锌矿产地以云南金顶、广东凡口、青海锡铁山等最著名。

(4) 辰砂（HgS）。晶形为细小厚板状或菱面体；多呈粒状、致密块体或粉末被膜；呈朱红色，条痕与矿物颜色相同，有金刚光泽（新鲜晶面），半透明；摩氏硬度为2～2.5，三组完全解理，性脆；密度为8.09～8.20 t/m^3。

鉴定特征：颜色及条痕呈朱红色，硬度低，密度大。

辰砂在地表条件下比较稳定，为重要的炼汞矿物。我国是世界上重要的产辰砂的国家之一，湘、贵、川交界地带为主要产地，以湖南辰州（今沅陵）最为著名，故称辰砂，又名朱砂。最近在青海省也发现了大型的汞矿床。

(5) 辉锑矿（Sb_2S_3）。晶体为具有锥面的长柱状或针状，柱面具明显纵纹，一般呈柱状、针状或块状集合体；呈铅灰色，条痕为黑灰色，有强金属光泽，不透明；摩氏硬度为2～2.5；一组完全解理，性脆；密度为4.5～4.6 t/m^3；蜡烛可以熔化。

鉴定特征：柱状、针状集合体，呈铅灰色，硬度低（指甲可刻动），单向完全解理，极易熔化。辉锑矿与方铅矿相似，但后者具立方解理，密度大，不易熔，可以区别。

辉锑矿是最重要的锑矿石。我国是著名的产锑国家，储量占世界第一位，尤其湖南新化锡矿山的锑矿储量大、质量高。

(6) 辉钼矿（MoS_2）。通常为叶片状、鳞片状集合体；呈铅灰色，条痕为亮灰色（常带微绿），有金属光泽，不透明；摩氏硬度为1～1.5，极完全解理，薄片有挠性；密度为4.7～5.0 t/m^3，有滑腻感。

鉴定特征：呈铅灰色，极完全解理，可分离成薄片，能在纸上划出条痕，有滑腻感。

辉钼矿常产于花岗岩与石灰岩的接触带。辉钼矿为炼钼的主要矿石。我国辽宁的杨家杖子为钼矿产地。近年在陕西、河南等省发现有大型钼矿床。

(7) 黄铁矿（FeS_2）。经常发育成良好的晶体，有六面体、八面体、五角十二面体及其聚形，六面体晶面上有与棱平行的条纹，各晶面上的条纹互相垂直；有时呈块状、粒状集合体或结核状；呈浅黄（铜黄）色，条痕呈黑色（带微绿），有强金属光泽，不透明；摩氏硬度为6～6.5（硫化物中硬度最大的一种），无解理，性脆；密度为4.9～5.2 t/m^3；在地表条件下易风化为褐铁矿。

鉴定特征：完好晶体，呈浅黄色，条痕呈黑色，具有较大的硬度（小刀刻不动）。

黄铁矿是在硫化物中分布最广泛的矿物，在各类岩石中都可出现，常以结核体伴生在煤层中。黄铁矿是制取硫酸的主要原料。我国黄铁矿床（亦称硫铁矿）分布很广，广东英德、安徽马鞍山、甘肃白银厂、内蒙古等地都有产出，近年在广东云浮探明有特大型矿床。我国硫铁矿储量居于世界前列。

(8) 黄铜矿（$CuFeS_2$）。完好晶体少见，多呈致密块状或分散粒状；呈金黄色（表面常有锈色），条痕呈黑（带微绿）色，有金属光泽，不透明；摩氏硬度为3.5～4，解理不清楚，性脆；密度为4.1～4.3 t/m^3。

鉴定特征：呈金黄色，条痕近黑色，硬度中等。

黄铜矿易与黄铁矿、金等相混，其区别见表3－1。

黄铜矿为炼铜的主要矿物。黄铜矿在氧化及还原条件下极易变成其他次生铜矿，如孔雀石、蓝铜矿、辉铜矿、斑铜矿等。我国黄铜矿产地分布较广，主要有甘肃白银厂、山西中条山、长江中下游（如湖北、安徽）、云南东川以及内蒙古、黑龙江等省区。近年在江西东北部德兴、西藏玉龙等地发现大型铜矿床。我国铜矿储量居于世界前列。

表3-1　黄铁矿、黄铜矿与金的区别

矿物	黄铁矿	黄铜矿	金
晶形	完好	少见	罕见
颜色	浅黄色	金黄色	金黄色
条痕	黑色（带微绿）	黑色（带微绿）	金黄色
摩氏硬度	小刀不能刻划（6~6.5）	小刀易刻划（3.5~4）	小刀极易刻划（2.5~3）
韧性	性脆（用刀尖刻划，产生粉末）	性脆（用刀尖刻划，产生粉末）	具延展性（用刀尖刻划，产生亮刻痕）

3.1.3　氧化物及氢氧化物类矿物的鉴定

氧化物及氢氧化物类矿物分布相当广泛，共180多种，包括重要的造岩矿物，如石英及铁（Fe）、铝（Al）、锰（Mn）、铬（Cr）、钛（Ti）、锡（Sn）、铀（U）、钍（Th）等，是铁、铝、锰、铬、钛、锡、铀、钍等矿石的重要来源，经济价值较大。

（1）赤铁矿（Fe_2O_3）。赤铁矿包括两类：一类为镜铁矿，晶体多为板状、叶片状、鳞片状及块状集合体；呈钢灰色至铁黑色，条痕呈樱红色，有金属光泽，不透明；摩氏硬度为2.5~6.5，性脆；密度为5.0~5.3 t/m^3；无磁性。另一类为沉积型赤铁矿，常呈鲕状、肾状、块状或粉末状；呈暗红色，条痕呈樱红色，有半金属或暗淡光泽，硬度较小。

鉴定特征：镜铁矿常以板状、鳞片状集合体，钢灰颜色及樱红色条痕为特征。沉积赤铁矿常以鲕状、肾状等形态，暗红颜色及樱红色条痕为特征。

镜铁矿主要产于接触变质带，沉积型赤铁矿主要产于沉积岩中。赤铁矿为重要的铁矿石之一。赤铁矿粉可用作红色涂料和制红色铅笔。我国赤铁矿产地甚多，辽宁鞍山、甘肃镜铁山、湖北大冶、湖南宁乡、河北宣化和龙关等都是著名的产地。我国各类铁矿资源储量占据世界前列。

（2）磁铁矿（Fe_3O_4）或（$FeO \cdot Fe_2O_3$）。晶体常为八面体，有时为菱形十二面体，通常呈粒状或块状集合体；呈铁黑色，条痕呈黑色，有金属或半金属光泽，不透明；摩底硬度为5.5~6；解理不清楚，性脆；密度为4.9~5.2 t/m^3；具有强磁性。

鉴定特征：呈铁黑色，条痕呈黑色，有强磁性。

磁铁矿主要在还原条件下形成，多产于与岩浆活动或变质作用有关的矿床和岩石中。磁铁矿是重要的铁矿石之一。我国磁铁矿产地很多。磁铁矿中的Fe^{3+}可以被Ti^{4+}、Cr^{3+}、V^{3+}等所代替（类质同象代替），当含V、Ti较多时，则称为钒钛磁铁矿，我国四川攀枝花是大型钒钛磁铁矿基地。

（3）褐铁矿（$FeO(OH) \cdot nH_2O$）。褐铁矿是许多氢氧化铁和含水氧化铁等隐晶矿物和胶体矿物（针铁矿、纤铁矿及其他杂质）集合体的总称。其成分不纯，水的含量变化也很大；一般呈致密块状、粉末状或钟乳状、葡萄状等；呈黄褐色、黑褐色以至黑色，条痕呈黄褐色（铁锈色），有半金属或土状光泽，不透明；摩氏硬度为4~5.5，风化后小于2，可染手；密度为2.7~4.3 t/m^3。

鉴定特征：颜色为铁黑色至黄褐色，但条痕比较固定，为黄褐色。

褐铁矿多为含铁胶体溶液在地质时代的湖海沉积而成，或者是含铁矿物的风化产物。褐铁矿为一种炼铁矿石，也可以用作褐色颜料。

（4）锡石（SnO_2）。晶体常呈正方双锥和正方柱的聚形，通常呈致密块体，或柱状、粒状块体产出；呈棕色、棕黑色，条痕呈浅褐色，新鲜面有金刚光泽，断口有松脂光泽，多为不透明；摩氏硬度为6~7，解理不清楚，性脆；密度为6.8~7.1 t/m^3；不溶于酸，化学性能稳定。

鉴定特征：呈棕黑色，硬度高，密度大，断口有松脂光泽，必要时需做化学鉴定。

锡石在工业上是唯一炼锡的原料。我国是世界上重要的产锡国家之一，云南个旧为我国著名的锡都。近年又在云南、广西、四川发现了重要的原生锡矿及锡砂矿，其中以广西南丹大厂规模最大。我国锡矿储量位居世界前列。

（5）软锰矿（MnO_2）。通常为隐晶块体，或呈粉末状；呈煤黑色（或带微红微褐），条痕呈黑色（或带褐色），隐晶块体有半金属光泽，粉末状者有土状光泽，不透明；摩氏硬度为2~3；密度为4.7~5.0 t/m^3。

鉴定特征：呈黑色煤烟灰状，性软易污手。

软锰矿主要是风化带次生矿物，或在地质时代浅海中沉积而成。软锰矿是重要的锰矿石。我国湖南、广西、四川、辽宁等地锰矿床中均有大量软锰矿产出。

（6）铝土矿（$Al_2O_3 \cdot nH_2O$——一般式，但它不是一种单独矿物）。铝土矿是由若干铝的氢氧化物矿物（如三水铝石 Al［OH］$_3$、硬水铝石 AlO［OH］、软水铝石 AlO［OH］）组成的混合物，含有高岭土、铁矿等杂质。具有工业价值的铝土矿一般要求 Al_2O_3 含量 >40%，Al_2O_3:SiO_2 >2:1。铝土矿多呈致密块状、鲕状、豆状等产出，呈白、灰、黄、褐等色，有土状光泽；摩氏硬度为3左右；密度为2.5~3.5 t/m^3。

鉴定特征：外表似黏土岩，但硬度较高，密度较大，没有黏性、可塑性及滑腻感。

铝土矿主要在湿热气候条件下由岩石风化在原地或经搬运沉积而成。铝土矿是炼铝的主要矿石，在我国分布广泛，在华北、东北地区大凡有石炭二叠纪煤系分布的地方往往有铝土矿（如河北开滦、山东淄博、河南平顶山、辽宁本溪等），南方云、贵、闽诸省亦有铝土矿。我国铝土矿储量居世界前列，但多数硅铝比值较低，冶炼比较困难。

（7）石英（SiO_2）。石英有多种同质多象变体。最常见的石英晶体多为六方柱及菱面体的聚形，柱面上有明显的横纹。在岩石中石英常为无晶形的粒状，在晶洞中常形成晶簇，在石英脉中常为致密块状。无色透明的晶体称为水晶，另外还有含有杂质而带颜色的紫水晶（含锰）、烟水晶（含有机质）、蔷薇石英（又叫芙蓉石，含铁锰）等。石英具有典型的玻璃光泽，透明至半透明，摩氏硬度为7，无解理，有贝壳状断口，性硬，密度为2.5~2.8 t/m^3。

另外还有由二氧化硅胶体沉积而成的隐晶质矿物，呈白色、灰白色者称为玉髓（或称石髓、髓玉），白、灰、红等不同颜色组成的同心层状或平行条带状者称为玛瑙；不纯净、红绿各色者称为碧玉；黑、灰各色者称为燧石。此类矿物具脂肪或蜡状光泽，半透明，有贝壳状断口。

此外还有一种硬度稍低，具珍珠、蜡状光泽，含有水分的矿物，称为蛋白石（$SiO_2 \cdot nH_2O$）。

石英类矿物化学性质稳定，不溶于酸（氢氟酸除外）。

鉴定特征：六方柱及晶面横纹，有典型的玻璃光泽，硬度很大（小刀不能刻划），无解理。隐晶质各类具明显的脂肪光泽。

石英是自然界中几乎随处可见的矿物，在地壳中含量仅次于长石，占地壳重量的12.6%。

它是许多岩石的重要造岩矿物。含石英的岩石风化后形成石英砂粒，遍布各地。石英用途很广，可用于制作光学器皿、精密仪器的轴承、钟表的“钻石”等；石英砂可用作研磨材料、玻璃及陶瓷等工业的原料；质纯透明、无裂隙、无双晶和包裹体的石英晶体，大小为 2×2×2（cm^3）时，可作压电石英片和光学材料。

石英广泛应用于雷达、导航、遥控、遥测、电子、电信设备等方面。

3.1.4 含氧盐类矿物的鉴定

（1）正长石（$K[AlSi_3O_8]$ 或 $K_2O \cdot Al_2O_3 \cdot 6SiO_2$），又名钾长石。晶体呈板状或短柱状，在岩石中常为晶形不完全的短柱状颗粒；呈肉红、浅黄、浅黄白色，有玻璃或珍珠光泽，半透明；摩氏硬度为 6，有两组解理直交（正长石因此得名）；密度为 2.56～2.58 t/m^3。

鉴定特征：呈肉红、黄白等色，为短柱状晶体，完全解理，硬度较大（小刀刻不动）。

正长石是花岗岩类岩石及某些变质岩的重要造岩矿物，容易风化成为高岭土等。正长石是陶瓷及玻璃工业的重要原料。

（2）斜长石类质同象系列。斜长石是由钠长石和钙长石所组成的类质同象混合物。根据两种组分的不同比例来划分。斜长石又可粗略地分为酸性斜长石：钙长石组分含量占 0～30%；中性斜长石：钙长石组分含量占 30%～70%；基性斜长石：钙长石组分含量占 70%～100%。其呈细柱状或板状晶体，在晶面或解理面上可见到细而平行的双晶纹。在岩石中多为板状、细柱状颗粒；呈白至灰白色、浅蓝色、浅绿色，有玻璃光泽，半透明；摩氏硬度为 6～6.5，两组解理斜交（86°左右，斜长石因此得名）；密度为 2.60～2.76 t/m^3。

鉴定特征：为细柱状或板状，呈白色到灰白色，解理面上具双晶纹，小刀刻不动。

斜长石类矿物见于岩浆岩、变质岩和沉积岩中，分布最广。斜长石比正长石更易风化分解成高岭土、铝土等。斜长石中钠长石是陶瓷和玻璃工业的原料。

上述正长石、斜长石及其各种变种，统称长石类矿物。按重量计，约占地壳总重量的 50%。因此长石类矿物是分布最广和第一重要的造岩矿物。斜长石与正长石的物理性质相似，其区别见表 3－2。

表 3－2 正长石及斜长石肉眼鉴定对比

矿物	正长石	斜长石
晶体形状	常呈粗短柱状、粒状	常呈板片状、板条状或长柱状
双晶纹	面上无双晶纹，有时在同一断面上可见有反光程度不同的两部分（卡氏双晶）	解理面有平行细小的聚片双晶纹
颜色	呈肉红到白色	呈白色到灰色，偶见红色
光泽	解理面常有珍珠光泽	有玻璃光泽至珍珠光泽
摩氏硬度	6	6～6.5
产状	常产于酸性火成岩中，与石英、黑云母等共生	常产于基性、中性岩中，与辉石、角闪石等共生
染色试验	将小块正长石置于氢氟酸中浸蚀 1～3 min，再在 60% 的亚硝酸钴钠浸液中浸蚀 5～10 min，用水冲洗后呈柠檬黄色	按照正长石的试验方法，不染色或呈浅灰色

（3）橄榄石（$(Mg,Fe)_2[SiO_4]$）。晶体呈扁柱状，在岩石中呈分散颗粒或粒状集合体；呈橄榄绿色，有玻璃光泽，透明至半透明；摩氏硬度为6.5～7；解理中等或不清楚，性脆；密度为3.3～3.5 t/m³。

鉴定特征：呈橄榄绿色，有玻璃光泽，硬度大。

橄榄石为岩浆中早期结晶的矿物，是基性和超基性火成岩的重要造岩矿物，不与石英共生。橄榄石在地表条件下极易风化变成蛇纹石。

（4）普通辉石（$(Ca,Na)(Mg,Fe,Al)[(Si,Al)_2O_6]$）。晶体呈短柱状，横剖面近八边形，在岩石中常为分散粒状或粒状集合体；呈绿黑至黑色，条痕呈浅灰绿色，有玻璃光泽（风化面暗淡），近不透明；摩氏硬度为5～6，两组解理近直交；密度为3.23～3.52 t/m³。

鉴定特征：呈绿黑或黑色，为近八边形短柱状，解理近直交。

普通辉石是火成岩（特别是基性岩、超基性岩）的重要造岩矿物，在地表易风化分解。

（5）普通角闪石（$Ca_2Na(Mg,Fe)_4(Al,Fe)[(Si,Al)_4O_{11}]_2[OH]_2$）。晶体多呈长柱状，横剖面近六边菱形，在岩石中常呈分散柱状、粒状及其集合体；呈绿黑至黑色，条痕呈灰绿色，有玻璃光泽（风化面暗淡），近不透明；摩氏硬度为5～6，两组解理相交呈124°；密度为3.1～3.4 t/m³。

鉴定特征：呈绿黑色，为长柱状（横剖面菱形）晶体，相交成124°的解理，小刀不易刻划。

普通角闪石是火成岩（特别是中性、酸性岩）的重要造岩矿物，有时见于变质岩中，在地表易风化分解。普通角闪石与普通辉石极相似，其区别见表3－3。

表3－3 普通辉石和普通角闪石的比较

异同	性质	普通辉石	普通角闪石
同点	颜色	绿黑色至黑色	绿黑色至黑色
	光泽	玻璃光泽（风化后暗淡）	玻璃光泽（风化后暗淡）
	硬度	5～6	5～6
异点	晶形	多为短柱状	多为长柱状
	横剖面	多为近于方形的八边形	多为近于菱形的六边形
	柱面角及解理角	87（93°）	124°（56°）
	分布	基性及超基性岩中最多	中性及酸性岩中最多

（6）云母。假六方柱状或板状晶体，通常呈片状或鳞片状；有玻璃及珍珠光泽，透明或半透明；摩氏硬度为2～3，单向极完全解理，薄片有弹性；密度为2.7～3.1 t/m³；具高度不导电性。常见种类如下：

①白云母（$KAl_2[AlSi_3O_{10}][OH]_2$）：呈无色及白、浅灰绿等色。呈细小鳞片状、具丝绢光泽的异种称为绢云母。

②金云母（$KMg_3[AlSi_3O_{10}][OH]_2$）：呈金黄褐色，常具半金属光泽，多见于火成岩与石灰岩的接触带。

③黑云母（$K(Mg,Fe)_3[AlSi_3O_{10}][OH]_2$）：呈黑褐色至黑色，较白云母易风化分解。

鉴定特征：单向极完全解理，硬度小，有弹性。

云母是重要的造岩矿物，分布广泛，占地壳重量的3.8%。白云母和金云母为电器、电子等工业部门的重要绝缘材料。我国内蒙古丰镇、川西丹巴、新疆等地有较大型云母矿床。

（7）绿泥石。其成分复杂，是一族层状结构硅酸盐矿物的总称。最常见的为富含镁铁质的绿泥石($(Mg,Fe)_5Al[AlSi_3O_{10}][OH]_8$)，常呈叶片状、鳞片状集合体；为浅绿色至深绿色，有珍珠或脂肪光泽，透明至半透明；摩氏硬度为2~2.5，单向极完全解理，薄片具有挠性；密度为2.6~2.85 t/m^3。

鉴定特征：绿泥石与云母极相似，但前者具特有的绿色，有挠性而无弹性。

绿泥石为某些变质岩的造岩矿物。火成岩中的镁铁矿物（如黑云母、角闪石、辉石等）在低温热水作用下易形成绿泥石。

（8）蛇纹石和石棉($Mg_6[Si_4O_{10}][OH]_8$)。其完整晶体少见，一般为致密块状、层片状或纤维状集合体，呈浅黄至深绿色，常有斑状色纹，有时为浅黄色或近于白色，条痕呈白色，有脂肪或蜡状光泽，半透明；摩尔硬度为2.5~3.5；密度为2.5~2.65 t/m^3；稍具滑感。

鉴定特征：黄绿等色，硬度中等，有脂肪光泽。

蛇纹石主要由含镁矿物，如橄榄石等在风化带或热水溶液的作用下变质而成。此外，白云岩等与花岗岩等接触，受到热水溶液的作用，也经常变成蛇纹石。

蛇纹石的纤维状变种称为温石棉，是石棉的一种，有典型的丝绢光泽。我国石棉产地很多，其中以青海芒崖、四川石棉县为最著名，陕西等省也有优质石棉矿。石棉具有绝缘、绝热、隔音、耐高温、耐酸碱、耐腐蚀和耐磨等特性，广泛应用于矿山建设和建筑材料。

（9）滑石($Mg_3[Si_4O_{10}][OH]_2$)。一般为致密块状或叶片状集合体，呈白、浅绿、粉红等色，条痕呈白色，有脂肪或珍珠光泽，半透明；摩氏硬度为1~1.5，单向极完全解理，薄片有挠性；密度为2.7~2.8 t/m^3，有滑腻感；化学性能稳定。

鉴定特征：浅色，性软（指甲可刻划），有滑腻感。

自然界中还有一种与滑石极相似的矿物叫叶蜡石($Al_2[Si_4O_{10}][OH]_2$)，福建寿山、浙江青田等为著名产地。

滑石为典型的热液变质矿物。橄榄石、白云石等在热水溶液的作用下可以产生滑石，常与菱镁矿等共生。滑石是耐火、耐酸、绝缘材料，在橡胶和造纸工业中也用作填料。我国滑石储量丰富，辽宁盖平大石桥至海城一带及山东掖县、蓬莱等地为知名产地。

（10）高岭石($Al_4[Si_4O_{10}][OH]_8$ 或 $Al_2O_3 \cdot 2SiO_2 \cdot 2H_2O$)。一般为隐晶质、粉末状、土状，呈白或浅灰、浅绿、浅红等色，条痕呈白色，有土状光泽；摩氏硬度为1~2.5；密度为2.6~2.63 t/m^3，有吸水性（可黏舌），和水有可塑性。

鉴定特征：性软，黏舌，具可塑性。

高岭石主要是富铝硅酸盐矿物，特别是长石的风化产物：

$$\underset{\text{钾长石}}{4K[AlSi_3O_8]} + H_2O + 2CO_2 \longrightarrow \underset{\text{高岭石}}{Al_4[Si_4O_{10}][OH]_8} + 8SiO_2 + 2K_2CO_3$$

高岭石为主要黏土矿物之一。高岭石及其近似矿物和其他杂质的混合物通称高岭土。高岭土是陶瓷的主要原料。我国为产高岭土有名的国家，高岭土即因江西景德镇附近的高岭所产质佳而得名。煤系地层常伴生有价值的高岭土矿层。

（11）方解石（$CaCO_3$）。晶体常呈菱面体，集合体常为块状、粒状、鲕状、钟乳状及晶簇等。无色透明者称为冰洲石，具显著的重折射现象；一般呈乳白色，或灰、黑等色，有玻璃光泽；摩氏硬度为3，三组解理完全；密度为2.71 t/m³；遇稀盐酸产生气泡：

$$CaCO_3 + 2HCl \longrightarrow CaCl_2 + H_2O + CO_2 \uparrow$$

鉴定特征：锤击成菱形碎块（方解石因此得名），小刀易刻动，遇HCl起泡。

方解石主要由$CaCO_3$溶液沉淀或生物遗体沉积而成，为石灰岩的重要造岩矿物；在泉水出口可以析出$CaCO_3$沉淀物，疏松多孔，称为石灰华；在低温条件下，可以形成另一种同质多象体，常为纤维状、柱状、晶簇状、钟乳状等，称为文石（或称霰石）。冰洲石是重要的光学仪器材料之一。

（12）白云石（$CaMg[CO_3]_2$）。晶体常呈菱面体，但晶面稍弯曲，呈弧形；普通多为块状、粒状集合体；呈乳白、粉红、灰绿等色，有玻璃光泽，三组解理完全；摩氏硬度为3.5～4；密度为2.8～2.9 t/m³；在稀盐酸中分解缓慢。

鉴定特征：白云石与方解石十分相似，主要区别见表3－4。

表3－4　白云石与方解石的区别

	方解石	白云石
晶面	平直	稍弯曲
摩氏硬度	3	3.5～4
遇酸	起泡猛烈	粉末微微起泡

白云石主要在咸化海（含盐量大于正常海）中沉淀而成，或者由普通石灰岩与含镁溶液置换而成。白云石是白云岩的主要造岩矿物，可用作优质耐火材料（用于钢铁及冶金方面）。

（13）石膏（$CaSO_4 \cdot 2H_2O$）与硬石膏（$CaSO_4$）。石膏晶体常为近菱形板状，有时为燕尾双晶；一般为纤维状、粒状等集合体，无色透明，或呈白、浅灰等色，有晶面玻璃光泽，纤维状者具丝绢光泽，摩氏硬度为2，一组极完全解理，薄片有挠性；密度为2.3 t/m³；加热失水变为熟石膏。透明晶体集合体称为透石膏；纤维状集合体称为纤维石膏；粒状集合体称为雪花石膏。

硬石膏（$CaSO_4$）完好晶型少见，常为纤维状、粒状、块状集合体；纯者无色或白色，常因含杂质而微呈浅灰色、浅蓝色等；有玻璃光泽，解理面呈珍珠光泽；解理好，沿三个相互垂直的解理方向可裂为长方体解理块；摩氏硬度为3～3.5，相对密度为2.98 t/m³，易水解转变成石膏。在井工开采的矿产资源中，如果存在石膏矿层，在硬石膏水解变成石膏的过程中，体积的变化导致顶底板不稳定，给支护带来困难。

鉴定特征：一组极完全解理，可撕成薄片，或为纤维状、粒状；硬度小，指甲可以刻动。

二者主要是干燥气候条件下湖海中的化学沉积物，属于蒸发盐类，可用于水泥、模型、医药、光学仪器等方面。我国石膏产地遍及20余省，湖北应城、湖南湘潭、山西平陆、内蒙古鄂托克旗等地皆产石膏，储量居世界前列。

3.1.5　卤化物类矿物的鉴定

（1）萤石（氟石，CaF_2）。晶体为六面体或八面体，或为六面体穿插双晶，一般为具明显解理的致密块状；呈浅绿、浅紫、紫或白色、无色，条痕呈白色，有玻璃光泽，透明至半透明；摩氏硬度为4，四组（八面体）解理完全；密度为3.01～3.25 t/m^3；在加热后发蓝紫色荧光。

鉴定特征：呈绿、紫、白等鲜明颜色，具有标准硬度（4），多向完全解理（相交常呈三角形）。

萤石常呈矿脉产出，与石英、方解石、方铅矿等共生。萤石在冶金工业上用作助熔剂，也是制造氢氟酸的原料，还用于搪瓷、玻璃、光学仪器以及火箭燃料、原子能工业等方面。我国萤石储量居世界前列，主要产于浙江、湖南、福建等省，其中以浙江金华、义乌等县为最著名。

（2）石盐（NaCl）和钾石盐（KCl）。晶体为六面体，多为粒状或块状，无色透明或呈浅灰等色，有玻璃光泽；摩氏硬度为2～2.5，三组立方解理完全；石盐密度为2.1～2.6 t/m^3，钾石盐密度为1.97～1.99 t/m^3；易溶于水。

鉴定特征：石盐和钾石盐性质相似，但前者味咸，后者味苦咸且涩；必要时可做焰色试验，前者为黄色，后者为紫色。

二者皆为地质时代或现代干燥气候条件下内陆湖盆或封闭海盆中的化学沉淀产物，属于蒸发盐类。石盐除供食用外，还是重要的化工原料；钾盐为制造钾肥的重要原料。我国盐类矿产资源丰富，除石盐外，尚有海盐、湖盐、池盐、井盐等。柴达木盆地的察尔汗盐湖是我国最大的盐湖，储量达250亿t（整个柴达木盆地可达500亿t），其中含钾石盐1亿多t，是我国最大的钾盐矿。

3.2 常见岩石的鉴定

岩石是构成地壳和上地幔的固态物质，是由矿物（一种或多种）组成的天然集合体，是地质作用的产物。根据成因将岩石分为三类，岩浆岩（占整个地壳体积的64.7%）、沉积岩（占整个地壳体积的7.9%）、变质岩（占整个地壳体积的27.4%）。成因不同，其特征也不同。地壳的表面以沉积岩为主，约占陆地面积的75%，洋底几乎全部为沉积物所覆盖，但是地壳较深处和上地幔的上部主要由岩浆岩和变质岩组成。

岩石在形成过程中记载了地壳和上地幔形成演化的历史信息，是地质学研究的主要对象。岩石与矿产有密切的联系，各种金属、非金属矿产以及煤、石油及天然气等大多数蕴藏岩石中。岩石还与各种工程设施、交通运输等建设设施密切相关。

3.2.1 常见岩浆岩的鉴定

根据化学组分可将火成岩分为超基性岩（SiO_2，小于45%）、基性岩（SiO_2，45%～52%）、中性岩（SiO_2，52%～65%）、酸性岩（SiO_2，大于65%）和碱性岩（含有特殊碱性矿物，SiO_2，52%～66%）。

1. 超基性岩类（橄榄岩－金伯利岩类）

本类岩石分布很少。岩石中的SiO_2含量低，几乎全部由铁镁矿物组成，如橄榄石和辉石，基本无长石，石英更不可能出现。岩石颜色较深，密度较大，为3.2～3.3 t/m^3，多为小型侵入体或岩筒（柱状岩体）。

（1）橄榄岩主要由橄榄石和辉石组成，多为中、粗粒状结构，部分辉石呈现较大的斑晶。新鲜岩石近于黑绿色或黑色，但在地表条件下橄榄石极易风化变成蛇纹石，使颜色变浅。

如果岩石以橄榄石为主，则称为纯橄榄岩，呈黄绿色。如果岩石以辉石为主，就称为辉岩，呈黑色。

（2）金伯利岩呈斑状结构，斑晶为橄榄石、金云母、石榴子石等，蛇纹石化显著，偶见辉石；基质为细粒及隐晶质，常以岩筒（岩颈）、岩脉等形式产出。金刚石常存在于此岩中。我国已在辽宁、山东等省发现多处金伯利岩。

2. 基性岩类（辉长岩－玄武岩类）

本类岩石在大陆分布广泛，特别是属于喷出岩的玄武岩，在海洋底几乎全部为玄武岩。主要矿物为富钙斜长石和辉石，次要矿物有橄榄石和角闪石等，有时含有一定量的磁铁矿，一般具有较强的剩余磁性。岩石颜色较深，密度较大，为 2.94 t/m^3。

（1）辉绿岩为基性浅成岩，近于黑色，或黑灰、灰绿色，一般为细粒到中粒结构，有时有较大的斜长石斑晶，呈柱状或板状。其矿物成分与辉长岩相当，多呈岩床、岩墙产出。

（2）玄武岩是典型的喷出岩，分布最广，多呈黑、黑灰等色，风化面呈黄褐色或灰绿色。其为细粒或隐晶结构，或为斑状结构，并常有气孔、杏仁等构造。

目前在深海洋脊不断涌出玄武岩，在洋盆内群岛、岛弧和活动的大陆边缘，亦有大量玄武岩发育。发育于大陆内部的玄武岩，其一为裂隙式喷发，往往构成大面积的泛流玄武岩，如分布于中国西南部的峨眉玄武岩，面积约为 26 万 km^2，厚度达 600～1 500 m，形成于晚二叠世。其二为中心式喷发，构成玄武岩火山锥，及其邻近的熔岩流和火山碎屑岩。例如，中国东部北起黑龙江，南至海南岛，有数百座火山锥及相邻熔岩流分布，喷出于新生代。根据夏威夷和堪察加火山活动观察，玄武岩浆来自地下 60～90 km 深处的上地幔。

玄武岩也是构成月球的主要岩石，称为月球玄武岩。其细粒且多孔，主要由辉石、斜长石和钛铁矿等组成，一般以贫硅、富钛铁为特点。月球玄武岩是月球上最年轻的岩石，同位素年龄距今 33 亿～37 亿年，几乎相当于已知地球上最古老的岩石。

3. 中性岩类

（1）闪长岩是中性深成岩，主要矿物为中性斜长石和普通角闪石，多为中粒结构、块状构造；基本上无石英，若石英数量为 6%～10%，则称为石英闪长岩；一般呈灰色、灰绿色。闪长岩呈独立岩体者多呈岩株、岩床或岩墙产出，但大部分和花岗岩或辉长岩呈过渡关系。

（2）安山岩是中性喷出岩的代表岩石，分布之广仅次于玄武岩，主要分布于环太平洋活动大陆边缘及岛弧地带。“安山岩”一词来源于南美洲西部的安第斯山名，为斑状结构，斑晶以中性斜长石及普通角闪石为主，或偶见黑云母及辉石，基质多为隐晶结构，有时斑晶定向排列，有明显流线构造，或具气孔、杏仁构造。新鲜岩石多呈灰、灰绿、紫红等色。深色安山岩与玄武岩不易用肉眼区分，若斑晶中多角闪石或见有黑云母，可定为安山岩。安山岩常以块状熔岩流等产出。

4. 酸性岩类（花岗岩、流纹岩类）

（1）花岗岩是分布最广的深成岩类，其分布面积占所有侵入岩面积的 80% 以上，主要由钾长石、富钠斜长石、石英组成，并含少量黑云母或角闪石。通常钾长石多于斜长石，石英含量可达20%以上。其呈肉红色、灰白色，略具黑色斑点，次要矿物为黑云母、角闪石，可有少量辉石，暗色矿物含量一般在10%以下，根据暗色矿物的种类，又可将花岗岩分别称为黑云母花岗岩和角闪花岗岩等。副矿物常为磁铁矿、锆石、榍石、电气石及磷灰石等，呈中－粗粒半自形晶粒状结构或似斑状结构，以块状构造为主。

（2）流纹岩是典型的酸性喷出岩类。其成分与花岗岩相当，常呈灰白、粉红、浅紫等色。其为斑状结构，斑晶主要为钾长石、石英等，基质为隐晶质或部分玻璃质，有时为隐晶无斑结构，常有流纹构造，也有气孔和杏仁构造。

5. 火山玻璃岩类

火山玻璃岩类是指由火山喷发出来的熔岩，迅速冷却且来不及结晶而形成的一种玻璃质结构岩石。因酸性熔浆黏度大、温度低，在迅速冷却条件下更容易形成玻璃质，所以火山玻璃岩以酸性为主。

（1）黑曜岩是一种酸性火山玻璃岩（天然玻璃），呈黑色或红黑色，玻璃光泽明显，具贝壳状断口，边缘呈微透明状。SiO_2 含量在70%左右，成分与花岗岩相当。其常具斑点状和条带状构造，主要产于第三纪以后较新的火山岩中。黑曜岩可作装饰品和工艺品的原料，也广泛用于化工、冶金、铸造、制药等部门。

（2）浮岩是一种多气孔的玻璃质岩石，状似炉渣，颜色浅淡，多呈白色、灰白色，质轻（密度为0.3～0.4 t/m^3），可浮于水。其为气孔状构造，典型的浮岩多产于酸性熔岩的上部或火山碎屑中。浮岩在化学工业中用作过滤剂、干燥剂、催化剂、填充剂以及农用杀虫剂的载体和肥料的控制剂，还用作水泥的混合料和建筑材料，也可用作中药。

常见岩浆岩的肉眼鉴定特征见表3－5。

表3－5 常见岩浆岩的肉眼鉴定特征

类型	深成岩	浅成岩	次火山岩	火山岩
产状深度	岩珠、岩基岩、盆岩盖岩墙	小岩、珠岩、盆岩、盖岩、脉岩墙	小岩珠、火山颈岩、枝岩脉	火山锥、熔岩流、熔岩被
结构	中粗粒等粒似斑状	细粒斑状	斑状细粒	玻璃质半晶质细粒
构造	块状	块状流动	块状流动	气孔、杏仁柱状节理
矿物成分	钾长石可能为微斜长石，斜长石环带不发育	斜长石环带发育，可能出现高温矿物如β－石英、透长石等	出现β－石英、透长石等高温矿物	出现高温矿物，含水斑晶矿物可能具暗化边

3.2.2 常见沉积岩的鉴定

按成因及组成成分，沉积岩可以分为两类，即碎屑岩、化学岩和生物化学岩，见表3－6。

表3－6 沉积岩的分类

岩类		沉积物质来源	沉积作用	岩石名称
碎屑岩	沉积碎屑岩亚类	母岩机械破碎碎屑	机械沉积为主	1. 砾岩及角砾岩； 2. 砂岩； 3. 粉砂岩； 4. 泥岩； 5. 页岩； 6. 黏土
		母岩化学分解过程中形成的新生矿物——黏土矿物为主	机械沉积和胶体沉积	
	火山碎屑岩亚类	火山喷发碎屑	机械沉积为主	1. 火山集块岩； 2. 火山角砾岩； 3. 凝灰岩
化学岩和生物化学岩		母岩化学分解过程中形成的可溶物质、胶体物质以及生物化学作用产物和生物遗体	化学沉淀和生物遗体堆积	1. 铝、铁、锰质岩； 2. 硅、磷质岩； 3. 碳酸盐岩； 4. 蒸发盐岩； 5. 可燃有机岩

1. 砾岩

凡直径在2 mm以上的碎屑（含量大于50%）组成的岩石都属此类。砾岩中砾的成分一般是比较坚硬的岩石碎屑。根据碎屑的磨圆程度，砾岩类可分为角砾岩和砾岩两类。

（1）角砾岩。组成角砾岩的砾带有棱角，分选情况一般不好，或未经分选，多为搬运距离很近或未经搬运堆积而成。根据成因，它们可能是由山崩重力堆积而成、由海浪冲击海岸而成、由母岩风化在原地残积而成，或者由冰川搬运的冰碛堆积而成（称之为冰碛岩），也可能因断层作用而成（称为断层角砾岩，碎屑多呈尖棱状）。

（2）砾岩。组成砾岩的砾多为次圆状或圆状。根据成因，砾岩可能是在海滨潮间带由海浪反复冲刷磨蚀堆积而成，分选和磨圆度都比较好，成分比较单纯；也可能是由河流短距离搬运而成，分选和磨圆度较差，砾石成分也比较复杂。砾岩中一般少有化石，或含贝壳等生物碎屑化石。

2. 砂岩

由2～0.05 mm的碎屑（含量大于50%）胶结而成的岩石统称为砂岩。砂岩的矿物成分通常以石英颗粒为主，其次为长石、白云母、黏土矿物以及各种岩屑。根据粒级大小，砂岩可以分为粗粒砂岩（2～0.5 mm）、中粒砂岩（0.5～0.25 mm）和细粒砂岩（<0.25 mm）。根据矿物成分，砂岩可分为石英砂岩和长石砂岩两类。

（1）石英砂岩。砂岩中石英颗粒含量在90%以上，称为石英砂岩。其砂粒纯净，SiO_2含量可达95%以上，磨圆度高，分选性好。岩石常为白、黄白、灰白、粉红等色。这种砂岩是原岩经过长期破坏冲刷分选而成。

（2）长石砂岩。长石砂岩主要由石英和长石颗粒组成，而长石颗粒含量一般在25%以上，通常为粗粒或中粒，常呈淡红、米黄等色，碎屑多为棱角或次棱角状，胶结物多为碳酸盐或铁质。此种砂岩多为花岗岩类岩石经风化残积而成，或在构造上升地区强烈风化、迅速堆积而成。

砂岩可以作为建筑材料，纯净石英砂岩可用作玻璃工业原料，胶结不好的砂岩可形成含水层或含油层。

3. 粉砂岩

由0.05～0.005 mm的碎屑胶结而成的岩石称为粉砂岩。其矿物成分比较复杂，以石英为主，其次为长石，并有较多的云母和黏土类矿物，在显微镜下观察多具棱角。胶结物以铁质、钙质、黏土质为主。

（1）粉砂岩的岩石质地细密、颜色多样，随胶结物和混入物而变异，具轻微砂感，或具贝壳状断口。湖成粉砂岩常具水平薄层理，河成粉砂岩或具细斜层理，海成粉砂岩常具复杂的层理。粉砂岩多是细颗粒悬浮物质在水动力微弱条件下缓慢沉积而成。其沉积环境为河漫滩、三角洲、潟湖、沼泽或海湖的较深水部位。

（2）黄土是一种未充分胶结或半固结的黏土粉砂岩，呈黄灰色或棕色。粉砂含量一般为40%～60%，其次为黏土，并多含有10%以下的砂粒。其矿物成分以石英和长石为主，此外还有白云母、角闪石、辉石等。黄土中含有这些易于分解而未分解的矿物，说明黄土的形成与干燥气候有关。胶结物以黏土及$CaCO_3$为主，多钙是黄土的重要特征之一，一般没有层理，但发育有直立节理，常形成峭壁。黄土在我国分布很广，堆积很厚，形成晋、陕、甘等省黄土高原，还有些地区分布有冲积或洪积黄土。

4. 黏土岩

黏土岩是由直径小于0.005 mm的微细颗粒（含量大于50%）组成的岩石。其矿物成分以黏土矿物为主，如高岭石、水云母、蒙脱石等，结晶微小（0.001～0.002 mm），多为片状、板状、纤维状等。黏土矿物主要来源于母岩的风化产物，即陆源碎屑黏土矿物；还有一部分来源于沉积或成岩过程中的自生黏土矿物；此外还含有粉砂级的陆源碎屑，如石英、长石、白云母等颗粒。除此，在沉积和成岩过程中还形成一些胶体和化学沉积物（如铁、锰、铝的氧化物，碳酸盐、硫酸盐、硅质矿物、硫化物、有机质等）。从宏观上看其多具致密均一、质地较软的泥质结构。黏土岩是介于碎屑岩和化学岩之间的过渡岩石，在沉积岩中分布最广。

（1）页岩为黏土岩类中固结较强的岩石，具薄层状页理构造，页理主要由鳞片状黏土矿物层层累积、平行排列并压紧而成。其常含石英、长石、白云母等细小碎屑；致密，不透水；可有各种颜色，含有机质者呈黑色，含氧化铁者呈红色，含绿泥石、海绿石等呈绿色；性软，抵抗风化能力弱，在地形上常表现为低山低谷。

（2）泥岩是一种厚层状、致密、页理不发育的黏土岩。

（3）黏土是由黏土矿物组成、固结程度较差的黏土岩。其细腻质软，颜色以浅淡为主，分布较多的为高岭石黏土，简称高岭土，具吸水性（黏舌）、可塑性（加水成泥）、吸收性（从溶液中吸收各种矿物质及有机质的性质）、耐火性（熔点为<1 350 ℃～1 770 ℃）、烧结性（煅烧后变硬）等一系列特点，是陶瓷工业、耐火材料工业的重要原料。还有一种黏土叫膨润土，主要由蒙脱石（胶岭石）组成。蒙脱石是黏土矿物的一种，为含水层状结构的硅酸盐矿物，化学组成为$(Na,Ca)_{0.33}(Al,Mg)_2[Si_4O_{10}](OH)_2 \cdot nH_2O$，吸水后体积可膨胀10～30倍，广泛用于铸模、陶瓷、钻探、纺织工业等方面。此外还有漂白土，其与膨润土

相似，但含钙较多，含钠较少，吸水性和膨胀性较差，具强吸附力，可吸收大量色素、胶状物、各种杂质等，在炼制石油和植物油工业中可用作脱色剂和漂白剂。

5. 凝灰岩

凝灰岩是主要由粒径小于2 mm的火山灰（岩屑、晶屑、玻屑）及火山碎屑等（含量在50%以上）固结而成的岩石。其分选差，碎屑多具棱角。岩石外貌有粗糙感，可具清楚的层理。凝灰岩根据碎屑成分可分为玻屑凝灰岩、晶屑凝灰岩、岩屑凝灰岩、混合型凝灰岩等。玻屑凝灰岩常保存于时代较新的火山碎屑岩中，经过脱玻作用和蚀变作用可以形成膨润土或漂白土等。凝灰岩可有黄、灰、白、棕、紫等不同颜色。有时凝灰岩中含有正常碎屑而形成砂质凝灰岩、凝灰质砂岩等。

6. 铝土岩

铝土岩又称铝矾土，主要由三水铝石（$Al[OH]_3$）、软水铝石和硬水铝石（$AlO[OH]$）等组成，故根据成分有一水硬铝石、一水软铝石、三水铝石之分。其常含有 SiO_2、Fe_2O_3 等混入物。铝土岩的外貌和性质与黏土岩相似，一般称 Al_2O_3：SiO_2 >1 者为铝质岩；≥2.6 者称为铝土矿；<1 者称为黏土岩。和黏土岩相比，铝土岩岩性致密，硬度和密度较大，没有可塑性。致密块状、鲕状或豆状结构。因含杂质不同，其颜色有白、灰、黄等。其成因不一，主要由铝硅酸盐矿物（如长石等）化学风化分解后形成的氧化铝经搬运在海、湖盆中沉积而成，也有一部分是残积而成。铝土岩是炼铝的主要原料。我国河北、辽宁、山东、河南、贵州、云南等省铝土岩分布甚广。

7. 铁质岩

铁质岩为富含铁矿物的化学岩或生物化学岩。其主要矿物成分有赤铁矿、褐铁矿、菱铁矿等，常混入砂质、黏土、硅质等。其为致密块状、鲕状、豆状或肾状结构，含铁在30%以上即可称为铁矿。在地质时代的陆地表面，其主要在浅海边缘形成。我国中、上元古界，泥盆系，石炭系等地层中常富含沉积型的铁质岩（铁矿）。

8. 锰质岩

锰质岩为富含锰矿物的沉积岩，一般含锰20%以上即成锰矿。其主要矿物有软锰矿、硬锰矿、菱锰矿等，常混入砂、黏土、氧化铁、二氧化硅等杂质，多呈黑、黑褐、黑紫等色。有的性软、染手、呈土状；有的很硬，呈鲕状、肾状等。在地质时代锰质岩多在海、湖盆边缘形成，也可在风化壳中形成。

目前全世界都在瞩目一种现代海底形成的金属矿源，即锰结核。1873年锰质岩被英国海洋调查船首先在大西洋发现，但到1958年世界上才对锰结核进行正式有组织的调查，并逐步开展锰结核的勘探、试采和提炼技术的研究工作。锰结核广泛分布于世界各大洋3 000 ~ 6 000 m深的洋底表层，估计储量达3万亿 t，太平洋约占一半，其次为印度洋，故锰质岩被称为世界上最大的金属资源，并被预测是人类21世纪的主要矿产之一。

9. 燧石岩

燧石岩是一种致密坚硬的硅质岩石，俗称“火石”。其主要矿物成分为玉髓、微粒石英、蛋白石等，常呈浅灰至黑灰色，具蜡状光泽和贝壳状断口，主要产于石灰岩中，形成燧石结核、不规则团块或燧石条带（夹层），很少成为独立稳定的岩层。我国中、上元古界碳酸盐岩层中常含有燧石结核或薄层，多为海洋沉积或成岩交代而成。

10. 碧玉岩

碧玉岩也是一种致密坚硬的硅质岩石，主要矿物成分为玉髓、细粒石英，常混入氧化铁等杂质，呈红、棕、绿、玫瑰等色，具贝壳状断口，有蜡状光泽。其性质和燧石岩基本相同，但碧玉岩常产于火山岩、火山碎屑岩中，其成因与火山沉积有关。质佳的碧玉可做成各种工艺品。

11. 硅藻土

硅藻土是一种疏松粉状的硅质岩石，由硅藻遗体组成，硅藻含量可达70%～90%。其主要成分为蛋白石，常和黏土或碳酸盐混在一起，呈白或浅黄色，质轻而软，孔隙度可达90%左右，黏舌，吸附力很强，是良好的吸附剂，可作炼油、制糖的吸附剂和净化剂，也是优良的隔声、隔热材料。硅藻土多分布于新生代沉积层中，我国山东临朐、吉林、湖南等地皆产硅藻土。

12. 石灰岩

石灰岩是以方解石为主要组分的岩石，有灰、灰白、灰黑、黑、浅红、浅黄等颜色，性脆，硬度不大，小刀能刻动，滴盐酸剧烈起泡。由于石灰岩易溶，在石灰岩发育地区常形成石林、溶洞等，称为喀斯特地貌。石灰岩是制石灰、水泥的主要原料和冶炼钢铁的熔剂，也是制化肥、电石的原料，并广泛用于制碱、制糖、陶瓷、玻璃、印刷等工业中。根据结构和成因，石灰岩的主要种类如下：

（1）竹叶状灰岩（砾屑灰岩）。其是一种典型的内碎屑灰岩。所谓内碎屑，也称盆地碎屑、同生碎屑，是沉积于水盆地底部的未完全固结或已固结的碳酸盐沉积物，经水流或波浪作用破碎、搬运、磨蚀而成的碎屑。这些碎屑根据大小可以称为砾屑、砂屑、粉屑、泥屑等。它们再沉积形成岩石，就是内碎屑灰岩。竹叶状灰岩是由灰岩扁砾被钙质胶结而成的典型砾屑灰岩，其砾屑为扁圆或长椭圆形，垂直层面切开、形似竹叶，故而得名。砾屑大小不一，磨圆度高，其表皮常有一层紫红色或黄色铁质氧化圈，砾屑占60%～70%。砾屑成分单一，多为泥晶方解石（泥晶指泥状碳酸钙细屑或晶体，又称灰泥）；胶结物和填充物多为微晶或细晶方解石，占30%～40%。我国华北寒武系上部和奥陶系下部有广泛分布。一般认为这种灰岩是在潮汐和波浪活动频繁的海滩地区（潮间带或潮下带）先沉积了泥晶灰岩，然后被潮汐或波浪破坏，形成碎块，并被磨蚀成砾，然后又被 $CaCO_3$ 胶结而成。沉积环境是氧化环境。

（2）生物碎屑灰岩。其是由各种生物碎屑被碳酸钙胶结而成的灰岩，常见的有生物贝屑（贝壳碎屑）灰岩。它多形成于水流或波浪作用强烈的地区或生物礁的侧翼。

（3）鲕状灰岩（鲕粒灰岩）。其是指鲕粒含量大于50%的灰岩。鲕粒直径小于2 mm，若大于2 mm，则称之为豆粒。这种灰岩的形成条件，一般认为是海水中溶解的 $CaCO_3$ 呈过饱和状态，沉积环境为潮汐和波浪作用强烈的浅海，并且海水中富含泥砂等陆源碎屑、内碎屑、生物碎屑且比较混浊。潮汐和波浪作用经常引起水介质的搅动，每搅动一次，水中各种碎屑便处于悬浮状态，并促使 CO_2 从水中逸出，这样就导致海水中过饱和的 $CaCO_3$ 发生沉淀，并以各种细小碎屑为结核中心，层层围绕，形成鲕粒。如此周而复始，鲕粒越来越大，当其重量超过波浪、水流搅动的能量时，便堆积在海底，并为 $CaCO_3$ 所胶结，形成鲕状灰岩。所以，这种灰岩是一种化学成因和机械成因的灰岩。我国北方中寒武统有典型的鲕状灰岩。

（4）化学石灰岩。其是指通过化学及生物化学方式在海湖中沉淀而成的石灰岩，多具隐晶或结晶结构，致密均一，或具贝壳状断口。这种灰岩多形成于温暖浅海地区，气候温暖，有利于蒸发及水生植物进行光合作用，使海水中的 CO_2 释出或被植物吸收，导致 $CaCO_3$

沉淀。另外，在泉水出口处，由于温度升高和压力减小，水中 CO_2 逸出，也导致 $CaCO_3$ 的沉淀，形成疏松多孔的石灰岩。

（5）结晶灰岩。其是指主要由方解石晶粒组成的灰岩，它常由泥晶灰岩（由 0.001 ~ 0.004 mm 的灰泥组成）及其他灰岩重结晶形成。

13. 白云岩

白云岩指以白云石为主要组分（50% 以上）的碳酸盐岩，常混入方解石、黏土矿物、石膏等杂质。其外貌与石灰岩相似，但硬度略大，较坚韧，滴稀盐酸（5%）不起泡或微弱发泡，风化面常有白云石粉及纵横交叉的刀砍状溶沟。其按结构特征，可分为碎屑白云岩、微晶白云岩、结晶白云岩等。其按成因，可分为原生白云岩、交代白云岩（或次生白云岩）等。

原生白云岩是在干热气候条件下的高盐度海湾、潟湖、咸化海或内陆咸水湖泊中通过化学沉淀而成的白云岩；或者咸水中 Mg^{2+} 离子交代置换底部 $CaCO_3$ 灰泥中的一部分 Ca^{2+} 离子（这种作用叫同生交代作用）而成的白云岩。原生白云岩的特征是成层稳定，生物化石稀少，常和石膏等共生。

有些白云岩是在成岩过程中沉积的 $CaCO_3$ 和被渗透下来的咸水中的硫酸镁、氯化镁等反应交代而成。这种作用叫作白云岩化作用，这种白云岩叫成岩白云岩或交代白云岩。白云岩化的条件是水溶液中 Mg/Ca 比值相当大。这种白云岩层位不甚稳定，常呈似层状、透镜状、斑块状产于灰岩中，横向常过渡为白云质灰岩或灰岩。由于方解石被白云石交代后，体积缩小 13%，故成岩白云岩孔隙发育，可为良好的储油层或某些矿床的控矿层。

白云岩在冶金工业中可作熔剂和耐火材料，部分用来提炼金属镁，也可用作化肥、陶瓷、玻璃工业的配料和建筑石材。

在上述石灰岩和白云岩之间，因二者含量比例不同，可有多种过渡岩石，如含白云质灰岩、白云质灰岩、灰质白云岩、含灰质白云岩等。

14. 泥灰岩

泥灰岩是碳酸盐岩与黏土岩之间的一类过渡类型岩石。石灰岩中泥质（黏土）成分增加到 25% ~50%，即可称为泥灰岩；若白云岩中泥质（黏土）成分增加到 25% ~50%，则称为泥云岩。其岩石致密，为微粒或泥状结构，呈黄、灰、绿、紫等色，常分布于石灰岩和黏土岩的过渡地带，或夹于薄层灰岩和黏土岩之间，多呈薄层状或透镜体状产出，加冷盐酸起泡（泥云岩起泡微弱或不起泡），并有泥质残余物出现。

15. 蒸发盐岩

蒸发盐岩是指由钾、钠、钙、镁等卤化物及硫酸盐矿物为主要组分的纯化学沉积岩，又称盐类岩。这种岩石广泛分布于闭塞海湾、潟湖、内陆盐湖等沉积中。它们是在干燥气候条件下，由于海、湖水分强烈蒸发，卤水浓度增大，致使其中盐类结晶析出沉淀而成。常见的有石盐（NaCl）、钾石盐（KCl）、石膏（$CaSO_4 \cdot 2H_2O$）、硬石膏（$CaSO_4$）、芒硝（$Na_2SO_4 \cdot 10H_2O$）、苏打（$Na_2CO_3 \cdot 10H_2O$）、硼砂（$Na_2B_4O_7 \cdot 10H_2O$）等，混入物有黏土、碎屑物以及方解石、白云石、氧化铁凝胶等，还经常伴生溴、碘等元素。这类岩石在沉积岩中含量很少，但其本身常构成重要的矿产。如青海柴达木盆地中有许多盐湖，估计盐类储量可达 500 多亿 t，其中钾盐储量达 1 亿多 t。新疆吐鲁番盆地的艾丁湖［我国海拔最低的地方（-154 m）］就是一个以芒硝为主的盐湖。

16. 可燃有机岩

可燃有机岩是由各种生物（动物、植物）堆积，经过复杂变化所形成的、含有可燃性有机质的一类沉积岩，其本身也是非常重要的地壳能源矿产。可燃有机岩按照成分可分为两类：一是碳质可燃有机岩，包括煤、褐炭、泥炭等；二是沥青质可燃有机岩，其化学成分以碳氢化合物为主，包括石油、天然气、地蜡、地沥青等。

沉积岩的存在形式多种多样，有固体、液体和气体，见表3－7。

表3－7　常见沉积岩的特征

分类名称		物质来源	沉积作用	结构特征	构造特征
碎屑岩	砾岩、角砾岩、砂岩	物理风化作用形成的碎屑	机械沉积作用为主	碎屑结构	层理构造、多孔构造
	火山集块岩、火山角砾岩、凝灰岩	火山喷发的碎屑			
黏土岩	泥岩、页岩	化学风化作用形成的黏土矿物	机械沉积和胶体沉积作用	泥质结构	层理构造
化学岩和生物化学岩	石灰岩、泥灰岩	母岩经化学分解生成的溶液和胶体溶液；生物化学作用形成的矿物和生物遗体	化学沉积、胶体沉积和生物沉积作用	化学结构、生物结构	层理构造、致密构造

3.2.3　常见变质岩的鉴定

1. 动力变质作用成岩

（1）断层角砾岩。断层角砾岩又称压碎角砾岩、构造角砾岩，是岩石因构造作用发生破碎所形成的角砾状岩石，角砾大小不等，具棱角，岩性与断层两侧岩石相同，并被成分相同的微细碎屑及后生作用水溶液中的物质所胶结。

（2）碎裂岩。碎裂岩是岩石受强烈应力作用，形成较小的岩石碎屑或矿物碎屑所成的岩石，有时具新生的矿物如绢云母、绿泥石等，有时在岩石碎屑中残留一些较大的矿物碎块，形如斑晶，称为碎斑结构。

（3）糜棱岩。糜棱岩是指岩石遭受强烈挤压形成粒度较小的矿物碎屑（一般小于0.5 mm）所成的岩石。其主要矿物为细粒石英、长石及少量新生矿物如绢云母、绿泥石等，有时含少量原岩碎屑，呈碎斑结构。因不同成分、颜色、粒度的矿物定向排列，常显示类似流纹的条带构造，多见于花岗岩、石英砂岩等坚硬岩石的断裂构造带。动力变质作用成岩的特征见表3－8。

表3－8　常见动力变质作用成岩的特征

岩石类型	原岩性质	受力性质	鉴定特征
断角角砾岩	各种岩石都有，多为沉积岩和火山岩	张性应力	由大小不同的角砾组成具有无定向排列的角砾结构；若有圆化现象，略有定向排列，则可能受张扭或压扭性应力形成，可称为构造圆化角砾岩

续表

岩石类型	原岩性质	受力性质	鉴定特征
碎裂岩（压碎岩）	各种刚性岩石（岩浆岩、沉积岩、变质岩均可）	压性或压扭性应力	具有碎裂及碎斑结构；没有定向构造，有时呈压碎眼球状构造，重结晶现象不发育，新生矿物少见
糜棱岩	大部分由化学性质稳定的岩石组成，如花岗岩、片麻岩、片岩、砂岩等	压扭性应力	结构很细的糜棱结构，常具有明显的定向构造，呈纹理构造或眼球纹理构造，岩石坚硬致密，甚至很像硅质岩，重结晶现象明显，新生矿物为云母绿泥石绿帘石，作定向排列，具千枚结构者称为千糜岩

2. 接触变质作用成岩

（1）石英岩。石英岩是指石英含量大于85%的变质岩石，由石英砂岩或硅质岩经热变质作用形成。矿物成分除石英外，还可含少量长石、白云母及其他矿物。其坚硬致密，具等粒变晶结构，为块状构造，在断口上看不出石英颗粒界限。纯石英岩色白，含铁质者则呈红、紫红等色，或具铁矿斑点。石英岩可作建筑材料和玻璃原料。

（2）角岩。其又称角页岩，是由泥质岩石（黏土岩、页岩等）、粉砂岩、火山岩等经热接触变质作用而成的变质岩，原岩已基本上重结晶，为细粒变晶结构，块状构造，致密坚硬，一般为灰、灰黑色和近于黑色。矿物成分有长石、石英、云母、角闪石等，但肉眼常难分辨；有时具红柱石等变斑晶（为柱状，横断面近方形，具黑心），称红柱石角岩；若红柱石呈放射状，则通称菊花石。

（3）大理岩。其是由碳酸盐岩（石灰岩、白云岩等）经热接触变质作用重结晶而成的岩石。其为等粒变晶结构（由细粒到粗粒），呈白、浅灰、浅红等色。如原来岩石中含有杂质，重结晶后的大理岩中可含有形成的新矿物，如蛇纹石、硅灰石、金云母等。大理岩遇盐酸起泡，但白云质大理岩则起泡微弱。

大理岩是优质装饰石材和建材，还可供艺术雕刻之用。纯白而致密的大理岩通称汉白玉。

（4）矽卡岩（夕卡岩）。其主要在中、酸性侵入体与碳酸盐岩的接触带，在热接触变质作用的基础上和高温气化热液的影响下，经交代作用所形成的一种变质岩石。它的矿物成分比较复杂，主要有石榴子石、透辉石、硅灰石、绿帘石等，有时出现黄铜矿、黄铁矿、方铅矿、闪锌矿等矿物。其具不等粒粒状变晶结构，晶粒一般比较粗大，为块状构造，颜色较深，常呈暗褐、暗绿等色，密度较大。矽卡岩有重要实际意义，常和许多金属矿与非金属矿密切相关。

3. 区域变质作用成岩

（1）石英岩。除接触变质作用可形成石英岩外，在区域变质作用下亦可形成石英岩，但其成分稍复杂，或具条带状构造。

（2）大理岩。在接触变质带的碳酸盐岩可形成大理岩，在区域变质带也常见大理岩，但后者往往具条带状构造，其中如含蛇纹石、石墨和其他副矿物成分，常形成条带状或褶皱弯曲状纹带，可加工成各种艺术装饰品。云南大理所产最为有名，大理岩即由此得名。

（3）板岩。板岩是由黏土岩、粉砂岩或中酸性凝灰岩经轻微变质而成的浅变质岩，具明显板状构造，矿物成分基本没有重结晶或只有部分重结晶，外表呈致密隐晶质，肉眼难以鉴别。在板理面上略显丝绢光泽，岩石致密，比原岩硬度增高，敲之可有清脆响声。其根据颜色和杂质可以分为黑色炭质板岩、灰绿色钙质板岩等。在热接触带亦可形成板岩，其中某些杂质常集中成为不同形状和大小的斑点，称为斑点板岩。板岩可以劈开成板，作为屋瓦、铺路等建筑材料。

（4）千枚岩。千枚岩是指具典型千枚状构造的浅变质岩石，由黏土岩、粉砂岩或中酸性凝灰岩经低级区域变质而成。其变质程度比板岩稍高，原岩成分基本上已全部重结晶，主要由细小绢云母、绿泥石、石英、钠长石等新生矿物组成，具细粒鳞片变晶结构，片理面上有明显的丝绢光泽，并常具皱纹构造，有绿、灰、黄、黑、红等颜色。

（5）片岩。片岩是具明显鳞片状变晶结构和片状构造的岩石，主要由片状或柱状矿物如云母、绿泥石、滑石、石墨、角闪石等组成，并呈定向排列；此外，间有石英、长石等粒状矿物，有时含少量石榴子石、蓝晶石等特征变质矿物的变斑晶，形成变斑晶结构。片岩一般属于中级（部分低级）变质岩石，变质程度比千枚岩高。

（6）片麻岩。片麻岩是具明显片麻状构造的岩石，主要矿物成分为长石、石英（二者含量大于50%，而长石一般多于石英）等，片状和柱状矿物有云母、角闪石、辉石等，有时含矽线石、石榴子石等变晶矿物。其属于变质程度较深的区域变质岩，但在高温热接触变质作用下，也可形成片麻岩。原岩为黏土岩、粉砂岩、砂岩和中酸性火成岩等。

（7）榴辉岩。榴辉岩是一种典型的高压变质岩石，主要矿物成分为绿辉石和石榴子石，可含石英、蓝晶石、橄榄石等，但不含长石。岩石颜色较深，密度较大，为粗粒不等粒变晶结构，块状构造。其产状和成因比较复杂，或在金伯利岩中呈包体产出，或在橄榄岩中呈条带产出，或在高压变质带蓝片岩中出现。

常见气化热液变质岩鉴定特征见表3－9。

表3－9　常见气化热液变质岩鉴定特征

蚀变类型	原岩性质	颜色	矿物组合	结构构造	岩石名称
蛇纹石化	超基性岩（橄榄岩、蛇纹岩）	黑、黑绿、黄绿	蛇纹石、石棉、滑石、菱铁矿、磁铁矿等	致密状结构、块状结构；硬度小；具有滑感	蛇纹岩
云英岩化	酸性浸入岩（花岗岩）	灰白、灰绿、黄或粉红	白云母和石英，石英含量常在50%以上，有时可达90%，云母含量占40%～50%，还含有黄玉锂、云母、电气石、萤石、绿柱石等，有时含有金红石、毒砂、黄铁矿、辉钼矿、锡石、黑钨矿等	中粒至中粗粒鳞片变晶结构，交代结构，块状构造	云英岩
青磐岩化	中基性（有时可以是酸性）火山岩（安山岩等）	绿、灰绿、黄绿、暗绿等	钠长石、冰长石、绿帘石、绿泥石、透闪石、阳起石、石英、绢云母、碳酸盐、矿物金、红石等。此外，尚有黝帘石、高岭石、明矾石、重晶石、黄铁矿等	多为隐晶结构，也常具斑状结构，块状构造	青磐岩（变安山岩）

续表

蚀变类型	原岩性质	颜色	矿物组合	结构构造	岩石名称
次生石英岩化	中酸性火山岩或次火山岩	浅灰、黑灰、灰绿等	石英（70%～75%）、红柱石、刚玉、一水硬铝石、高岭石、明矾石、绢云母、叶蜡石等	细粒结构及变余斑状结构，块状构造	次生石英岩
黄铁细晶岩化	酸性脉岩	翠黄、绿黄、绿浅灰	绢云母、石英、黄铁矿及少量碳酸盐矿物等	中细粒及纤维均粒鳞片，变晶结构，块状构造，产于石英脉两侧	黄铁细晶岩

3.3　三类岩石的野外鉴别

基本常用的方法是根据岩石的外观和简单的工具（小刀、放大镜和盐酸），同时还要掌握如光泽、硬度、颜色、解理、结晶习性等重要鉴别特征。具体鉴定步骤如下：

（1）远观岩层的产状。沉积岩的产状为层状，变质岩的产状呈带状、环状和面状；岩浆岩的产状多为岩墙、岩脉、岩床等。

（2）观察岩层的构造。不同岩层成因不同，其构造也不同，岩浆岩的常见构造为块状、条带状、气孔、杏仁、流动构造等；沉积岩的典型构造主要为层理构造；变质岩的常见构造有变余构造（如层理、气孔、流纹构造等），变余构造有板状、片状、斑点状和眼球状。

（3）观察岩石的颜色。颜色是岩石最醒目的特征之一，因组成、成因和环境的不同而不同。岩浆岩的岩石取决于色率，基性岩色深，色率高；中性岩呈过渡色；酸性岩色浅，且色率低。

沉积岩的颜色取决于碎屑形成环境和风化程度。继承色是指被搬运矿物的颜色，如肉红色为长石砂岩，白色为石英砂岩、灰色为碎屑砂岩。原生色是介质物理化学条件的反应，如呈浅色，则表示环境中含钙量高；如呈灰黑色，则表示含有机质和铁镁元素。若沉积时是还原环境，且岩石呈红黄色，则表示在沉积时含有铁氧化物或氢氧化物；若沉积时是氧化环境，则代表热带或亚热带干燥环境。若呈绿色，则代表含有的氧化铁较低，如海绿石、绿泥石等。若呈紫红、褐红和黄棕色，则多为三价铁离子所致，代表强氧化环境。次生色是指岩石风化后的颜色。变质岩的颜色是指岩石的总体颜色。

（4）观察岩石的结构。岩石的结构是指组成岩石的矿物的自身特点，如岩浆岩主要是指长石和石英、沉积岩具有搬运碎屑物质的特点，等等。

技能训练

项目3.1　常见矿物的肉眼鉴定

技能目标：能用肉眼鉴定常见矿物。

要求：利用简单工具，按照统一规范的地质术语、记录格式顺序来记录矿物标本的主要特征和宏观现象。

1. 矿物的基本概念

(1) 晶体。质点作规律排列且具有格子构造的物质称为晶体。一般矿物都具有结晶习性，称为矿物晶体。矿物因内部结构和外部环境不同，其矿物晶体的形态也不同。肉眼能看到的晶体颗粒称为显晶质，借助放大镜或电子显微镜看到的称为隐晶质。

(2) 非晶质体。有些物质如玻璃、琥珀、松香等，它们的内部质点不作规则排列，且不具格子构造，这样的物质称为非晶质体。非晶质矿物形态取决于矿物生长的外部环境。

例如，石英、石髓与黑曜石，它们的化学成分相同，石英属于晶体，其单体晶形为六方柱状；石髓用肉眼看不到晶形，需要借助电子显微镜，石髓为隐晶质的石英；黑曜岩属于火山熔岩迅速冷却后形成的一种天然玻璃，是非晶质矿物。

2. 鉴定矿物的常用方法

鉴定矿物可借助各种仪器，采用物理和化学的方法，通过对矿物的化学成分、晶体形态、力学性质、光学性质及物理特性等的测定，达到鉴定矿物的目的。鉴定矿物的方法很多，如 X 光分析法、电子探针法和光学显微镜方法，但是最常用的还是根据矿物的外表特征进行鉴定的肉眼鉴定法或放大镜法。

3. 野外鉴定矿物的常用工具

野外工作常采用以下简单工具来估计大多数摩氏硬度低于 7 的常见矿物。在测定矿物硬度时，必须选择矿物的新鲜面，并尽可能选择矿物的单体；同时注意矿物的刻痕和粉痕不要混淆。刻划时用力要缓而均匀，如有打滑感，表明被测矿物的硬度大于测具，如有阻涩感，则其硬度小于测具。粒状和纤维状矿物不宜直接刻划，而应将矿物捣碎，在已知矿物面上摩擦，通过观察有无擦痕来比较硬度的大小。

肉眼鉴定矿物的常用工具有：瓷板（用来刻划条痕）、小刀、铜钥匙、玻璃碎片、放大镜、小磁铁等。

4. 描述矿物特征的方法

观察矿物包括用肉眼观察（包括直接观察和用放大镜观察）和在显微镜下观察。其中显微镜下观察矿物的专业性要求较高。可从矿物的名称、化学式、形态、颜色、光泽、条痕、透明度、解理、结构、构造、断口、摩氏硬度、密度、成分及各成分的百分含量来描述矿物的特征。例如，石英（SiO_2）常见为六方柱、菱面体的聚形，柱面上有横纹，多呈烟灰色，摩氏硬度为 7，断口为贝壳状，断面呈油脂光泽，在显微镜下特征呈不规则状，无色透明，表面光洁，无解理，低正凸起，最高干涉色为一级灰白，一轴晶正光性。

5. 报告单

填写报告单（表 3-10）并上交。

表 3-10　用肉眼鉴定主要造岩矿物实习报告单

标本号	矿物名称	形态	颜色	条痕	光泽	硬度	解理或断口	相对密度	其他

项目3.2　常见岩石的肉眼鉴定

技能目标：能初步识别岩石的组分，能用肉眼鉴定常见的岩石。

要求：利用简单工具，按照统一规范的地质术语、记录格式顺序来记录野外岩石（或岩石标本）的主要特征，完成并上交下列报告单（表3－11～表3－14）。

表3－11　识别沉积岩的组分报告单

序号	实习内容	回答的内容
1	能见到岩石碎屑的岩石	
2	能见到矿物碎屑的岩石	
3	具有孔隙的岩石	
4	含生物碎屑的岩石	
5	碎屑颗粒间的填隙物为	
6	含方解石、白云石的岩石	
7	以黏土矿物为主的岩石	
8	矿物具有晶粒特征的内源沉积岩	
识别不同类型的沉积岩		
陆源碎屑岩		
内源沉积岩		
陆源碎屑岩主要组分有		
岩石名称	岩屑粒径/mm	含量/%
砾岩		
砂岩		
粉砂岩		
黏土岩		
教师评语		

表3－12　描述内源沉积岩报告单

编号	颜色	矿物	结构	构造	化学反应现象	其他特征	岩石名称
描述内源沉积岩　　　　标本编号 定名：							
教师评语							

表 3－13 不同类型的变质岩鉴别与描述报告单

岩石名称	颜色	主要矿物	变质矿物	结构	构造	变质类型
标本描述						
教师评语						

表 3－14 常见岩浆岩的组分结构与构造报告单

岩石名称	主要矿物	次要矿物	结构
花岗岩			
辉长岩			
闪长岩			
岩石名称	暗色矿物	色率	构造
金伯利岩			
橄榄岩			
流纹岩			
岩石名称	组分	结构	构造
松脂岩、黑曜岩			
教师评语			

单元4

区域地质与构造①

区域地质调查中的区域地质，是指某一范围较大的地区（例如某一地质单元、构造带或图幅内）的岩石、地层、构造、地貌、水文地质、矿产及地壳运动和发展历史等。本单元只讲述在最新的区域地质调查中的中国华北地区的区域构造和地层知识。矿区区域地质中讲述矿区区域地层，重点讲述矿产资源如煤的形成的地质背景，为进一步研究矿产资源分布规律奠定基础。

4.1 中国区域地质概述

46亿年前，地球由原始的太阳星云分馏、坍缩、凝聚而形成，大约37亿年前，华北古陆出现，成为中国最早形成的大陆，也是中华大地的根基。中国现代大陆是由几个主要陆核经过漫长地质时期的发展、演化、拼接和改造后完成的。中国大陆第一次拼接发生于晚元古代中期，其结果导致塔里木陆块与华北陆块拼接，并与扬子陆块和华夏陆块汇合形成原始中国古陆；第二次拼接发生于晚古生代后期，其结果导致西伯利亚板块南缘与塔里木－华北板块北缘连为一体；第三次拼接发生于中生代早期，其结果导致塔里木－华北板块南缘与华南板块北缘以及华南板块西缘与藏滇板块北缘连在一起；第四次拼接发生于新生代早期，其结果导致印度板块北缘与藏滇板块南缘连为一体，至此，统一的中国大陆形成。

4.1.1 华北区域地质

大地构造演化的今天，中国各地具有不同的地质构造特征和发展演化历史。下面以华北区域地质构造为例来论述。

1. 天山－兴安地区

天山－兴安地区呈近东西向分布，北以俄罗斯、蒙古、哈萨克斯坦、吉尔吉斯斯坦和塔吉克斯坦为界，南以乌恰断裂库尔勒断裂、阿拉善北缘断裂以及华北陆块北缘断裂为界，区内除几个稳定的微型陆块外，大部分属于晚元古代以后不同构造期的陆缘活动带，这说明该地区为塔里木－华北陆块在晋宁运动后的扩张表现。

---

① 注：本书单元4、单元5、单元6、单元8未设“知识目标”“技能目标”“基础知识”模块，而从7.2节开始则以任务导入的形式组织内容，编排形式各节略有不同，特此说明。

（1）地层概况。本区自晚太古界至新生代各时期地层都有发育，沉积类型齐全，以活动和过渡型为主；上太古界主要为深变质岩，元古界主要为中浅变质岩与未变质地层，下古生界出露面积较小，层序齐全；寒武系主要为半深海及浅海复理石、砂泥质岩；奥陶系分布较普遍，为深海的泥砂质岩、碳酸盐岩组合，伴有基性－酸性火山岩及其碎屑岩；志留系主要为浅海－半深海的泥沙质复理石及碳酸盐岩组合；上古生界分布广泛，沉积类型复杂，以准格尔－天山地区出露层序最全；泥盆系属半深海泥质岩、碎屑岩、碳酸盐岩组合，伴有火山岩，分布涉及全区，以准噶尔－北天山发育最好，以火山岩为主，三统俱全；石炭系包括海相和陆相沉积，后者分布局限；二叠系下统由厚度巨大的浅海相及海陆交互相组成，上统为陆相碎屑岩夹火山岩；三叠系海相及海陆交互相见于黑龙江，属碎屑岩及火山岩组合，含混杂堆积和蛇绿岩套，岩相、厚度变化极大，产特提斯及环太平洋动物群；陆相稳定型分布于准噶尔；活动型分布局限，仅见于本区东部；侏罗系十分发育，陆相沉积普遍于全区各种类型的盆地中，大兴安岭和吉黑中部为火山岩与碎屑岩组合，海陆交互相沉积见于完达山地区。

（2）区域构造。天山－兴安地区位于西伯利亚古陆和塔里木、华北古陆之间广阔古亚洲洋的南部。其基本特点为南、北两大古陆间洋区有许多地块，其间的大、小洋盆在不同时期发生过扩张、俯冲、拼合、再扩张、对接，从而形成了复杂的地块与褶皱山带的镶嵌构造格局。古板块构造的遗迹包括蛇绿岩套、双变质带，沟－弧－盆建造和混杂堆积等。蛇绿岩套自显生宙以来共计 16 条，虽然它们残缺不全或以蛇绿混杂的形式存在，但意义重大，对恢复古构造格局起着重要的作用。在上三叠－下侏罗统大岭桥组中形成了平行的三条混杂岩带，分别含有晚石炭纪、早二叠世、晚二叠世动物化石，外来岩块均与基质岩石呈构造接触，产状相交，单个岩块大小不一，小若砾石，大似漂砾，最大者长达 2 km 以上，宽几十米。混杂岩中无蛇绿岩块，属沉积混杂岩，该混杂岩的基质为产牙形刺和放射虫的晚三叠－早侏罗世的深海沉积岩层，而其中的混杂岩块却分别为晚石炭世、早二叠世、晚二叠世的蜓和珊瑚岩层，暖水动物群的出现也反映了温暖浅海的平稳环境，尤其是三条混杂岩带的灰岩岩块分别为三个时代的生成物而不相混，反映了具有多次混杂的特征。

（3）地质发展史。天山－兴安地区大地构造发展史是一部古亚洲洋发生与发展至亚洲大陆形成与发展的历史，本区的总体地史发展可划分为三个大的阶段：滨太平洋大陆边缘活动陆内块断升降大阶段；古亚洲洋陆缘增生演化大阶段；大陆基底形成演化大阶段。本区地处亚洲洋区的南部，是探索和阐明用板块观点解释大陆形成演化的良好地区。本章从全球构造观点出发，通过对已有地质、地球物理、地球化学资料的综合研究，使读者对全区地质构造演化及有关问题有初步认识。

初步理清西伯利亚和塔里木－华北大陆及古亚洲洋区大大小小的中间地块与褶皱造山带间的关系；古亚洲洋的复杂古构造格局确定了本区沉积区建造既有活动型、过渡型，又有稳定型，同一时期的既有海相，也有海陆交互相或陆相沉积；岩浆岩受不同时期构造环境的影响，除地块内和板边出现高级变质岩系外，广泛分布的晚古生代到中、新生代地层，基本为埋深变质作用的低绿片岩相或不变质地层；对构造单元划分作出了重新厘定，恢复了西伯利亚大陆南缘增生褶皱带的基本格局，从而对塔里木、华北古陆北缘的加里东期、华西里去陆缘增生褶皱带作了较好的恢复；对滨太平洋构造域对古亚洲构造的影响进行了多方面总结。本区研究表明：大洋的消减、大陆的增生并非简单的南、北大陆逐渐向洋增生，还依赖由大陆离散出去的若干中间地块的陆缘增生，这种双重增生作用可暂称“核裂变”模式。

2. 塔里木－华北地区

塔里木－华北地区呈近东西向分布，北与天山－兴安地区相邻，南以科岗断裂、阿尔金南缘断裂、龙首山断裂、洛南－固始断裂和五莲－荣成断裂为界。全区为一具前震旦系至前长城系基底的稳定古陆块。

塔里木－华北地区是古塔里木－华北板块中的稳定区，自西向东，横亘中国，在稳定区北侧为天山－赤峰活动带，南侧为昆仑－秦岭活动带，这两个活动带与塔里木、华北陆块共同组成塔里木－华北板块。本区地壳经历了陆核形成，陆块发生形成，陆块发展及滨太平洋、新特提斯发展四大阶段。前两个演化阶段：在吕梁运动以前，早前寒武纪为陆核及早期地壳发生发展固结演化阶段，这段地质历史在本区有较为清楚的记录；在晋宁运动（塔里木运动）以前，晚寒武纪以拗裂槽发育为特点，为陆块形成阶段。后两个演化阶段：突出的特征为相对稳定性，直到印支运动以后，塔里木区由于受南北向挤压，才出现压陷盆地及断块升降，华北区由于受太平洋西侧大陆边缘活动影响，北北东（NNE）向构造线发育，岩浆作用频繁。西端为塔里木克拉通，东端为华北克拉通，二者在玉门市以北互相衔接。

该区矿产丰富，如中元古稀土矿床，晚古生代（华北）、中侏罗世（塔里木）含煤沉积及中生代－新生代石油、天然气蕴藏等。

4.1.2　鄂尔多斯盆地区域地质

1. 鄂尔多斯盆地区域构造

鄂尔多斯盆地发育于鄂尔多斯地台之上，属于地台型沉积构造盆地。

鄂尔多斯地台原是华北隆台的一部分，早古生代由于地幔上拱，拉开了秦岭祁连海槽，使中国古陆解体，分裂成塔里木隆台及扬子地台。华北隆台在中生代侏罗纪末是一个统一的整体，至白垩纪山西地区隆起，致使华北地台与鄂尔多斯地台分离，形成独立的盆地。

鄂尔多斯盆地具有太古界和早元古界变质结晶基底，在其上覆以中上元古界、古生界、中生界沉积盖层。

鄂尔多斯盆地在多旋回地质历史发展中，在古老的太古宇－古元古界基底岩系之上，自中、新元古代以来在5个不同的地质历史阶段，相继发育和形成了5种不同类型的原型盆地，即中、新元古代张裂型裂陷槽盆地，早古生代复合型克拉通坳陷盆地，晚古生代－中三叠世联合型克拉通坳陷盆地，晚三叠世－白垩纪扭动型大型内陆坳陷盆地以及新生代扭张型周缘断陷盆地。

（1）中、新元古代的原型盆地，控制其生成发展的构造体制应是固结稳定古陆块及边缘受上地幔浅层热对流系控制的大规模张裂体系。

（2）早古生代原型盆地形成南、北两隆（庆阳古隆起、乌兰格尔古隆起），东、西两凹（米脂凹陷、盐池凹陷）和中部一鞍（靖边鞍部隆起）的古构造格局，这是在中、新元古代近南北向的中央构造平台及东、西两侧裂陷槽的古构造的基础上，早古生代克拉通北缘内蒙洋壳、南缘秦岭洋壳扩张－俯冲联合作用形成的东西向构造与之横跨形成的典型复合构造形式。对于这种横跨的复合现象，李四光教授曾明确指出：只有当横跨褶皱的强度达到势均力敌的时候，它们之间的相互关系才显示两组褶皱相交的特征。这种特征是：一组背斜群沿着它们伸展的方向，以同一步调，有节奏地一起一伏，其俯伏的一线与横跨其上的向斜轴相当，齐头昂起的一线与横跨其上的背斜轴相当。这样，横跨的背斜群就以排成穹隆的形式出现。在这里，形成了一组隆起呈东西走向，另一组隆起呈南北走向。由此可见，早古生代的构造运动是前期古构造运动与后期构造运动共同作用的结果，显示继承性和新生性的平衡相持特点。

（3）在晚古生代 – 中三叠世的初期继承早古生代的构造格局（即南、北两隆，东、西两凹，中间一鞍），致使中石炭世东、西两个分割的凹陷在晚石炭世海侵时首先沿中间鞍部沟通。在该阶段，由于受到南北边缘动力学机制共同作用的控制，与早古生代的拉张 – 俯冲作用不同，主要表现为进一步俯冲，并相继表现为弧 – 陆、陆 – 陆碰撞和碰撞造山，联合形成南北向收缩挤压作用，使克拉通内部强化了东西走向的次级隆起（北部乌兰格尔隆起带、南部麟游隆起带）、凹陷（中部盐池 – 米脂凹陷带）及定边 – 吴堡一带区域性东西向构造带的形成和发展。由此说明，晚古生代 – 中三叠世的构造面貌是新生性构造活动改造和克服前期构造变动影响（继承性）的结果。

（4）晚三叠世 – 白垩纪经历了印支、燕山两期大的构造运动。其中印支运动在盆地地史发展中是一次重要转折，它实现了盆地由海洋向陆地的转变，使盆地自晚三叠世以来进入大型内陆坳陷的发展史，主要表现为大范围差异升降，坳陷主体呈北西 – 北西西方向展布于盆地南缘，它是特提斯洋壳向北俯冲，处于欧亚古陆块内部的鄂尔多斯盆地西缘、南缘产生向盆内的挤压和顺时针扭动作用的结果。燕山运动则使盆地古构造格局发生了重大变革，原来近东西向的构造形态为此期近南北向隆起、沉降带所叠加。早白垩世，形成了西部天池 – 环县一带南北向凹陷带，其东部盆地内展现一幅平缓西倾的大斜坡。此期，盆地周缘产生了强烈的褶皱、冲断、逆冲推覆构造，表明燕山期构造活动达到高峰。盆地中侏罗世 – 早白垩世的构造演化特点，与中国东部发生的强烈岩浆活动和构造变动、构造线方向转为北东 – 北北东方向有很好的一致性，它反映了库拉 – 太平洋洋壳和欧亚陆块的相互作用，导致近南北向左旋剪切运动。

（5）新生代以来，与中生代盆地整体沉降相反，转变为整体隆升，并伴随有周缘断陷盆地的发生和发展。这种中生代沉降、新生代隆升与华北东部的中生代抬升、新生代沉降刚好反转，反映了自新生代以来，盆地主要受印度陆块与欧亚陆块碰撞及持续北移挤压力，以及太平洋洋壳向欧亚陆块俯冲产生的扩张作用的影响。

上述清晰地展示了鄂尔多斯盆地漫长、丰富和独具特色的多旋回地质历史进程，也反映了东亚大陆地壳演化非均变、多旋回前进性发展的普遍规律。

根据现今的构造形态，结合盆地的演化历史，鄂尔多斯盆地内可以划分为伊盟隆起、渭北隆起、晋西绕曲带、陕北斜坡、天环凹陷、西缘冲断带等 6 个构造单元。

（1）伊盟隆起。自古生代以来一直处于相对隆起状态，各时代地层均向隆起方向变薄或尖灭，隆起顶部是东西走向的乌兰格尔凸起，新生代河套盆地断陷下沉，把阴山和伊盟隆起分开，形成现今的伊盟隆起的构造面貌。

（2）渭北隆起。中晚元古代到早古生代为一向南倾斜的斜坡，至中石炭世东、西两侧相对下沉，西侧沉积了羊虎沟组，东侧沉积了本溪组，至中生代形成了隆起，它是鄂尔多斯盆地的南部边缘，新生代渭河地区断陷下沉，渭北隆起翘起抬升，形成现今的构造面貌。

（3）晋西绕曲带。中晚元古代到古生代处于相对隆起状态，仅在中晚寒武世、早奥陶世、中晚石炭世及早二叠世有较薄的沉积，各统厚度为 100 ~ 200 m，中生代侏罗纪末抬升，与华北地台分离，成为鄂尔多斯盆地的东部边缘。燕山运动使吕梁山上升并向西推挤，加上基底断裂的影响，形成南北走向的晋西绕曲带。

（4）陕北斜坡。晚元古代到早古生代早期为隆起区，没有接受沉积，仅在中晚寒武世 – 早奥陶世沉积了厚度为 500 ~ 1 000 m 的海相地层，吴起 – 定边 – 庆阳为古隆起区，沉积厚度为 250 m。晚古生代以后接受陆相沉积，陕北斜坡主要形成于早白垩世，呈向西倾斜的平缓单斜，平均坡降为10 m/km，倾角不到1°。该斜坡占据着盆地中部的广大范围，以发育鼻状构造为主。

（5）天环凹陷。在古生代表现为西倾斜坡。在晚三叠世才开始凹陷，延长组在石沟驿－平凉一带沉积厚度达3 000 m左右，成为当时的沉降带。侏罗－白垩纪凹陷继续发育，沉积中心逐渐向东偏移，沉降带具西翼陡、东翼缓的不对称向斜构造。

（6）西缘冲断带。早古生代该带北段为贺兰裂谷，在中段、南段为鄂尔多斯地台边缘凹陷，在晚古生代为前缘凹陷，三叠纪中晚期及侏罗纪为分割明显的不连续的深凹陷带，直到早白垩世仍有局部地区继续凹陷。燕山运动中期，该区受到强烈的挤压和剪切，形成了冲断构造带的基本面貌。断裂与局部构造发育，且成排成带分布（图4－1）。

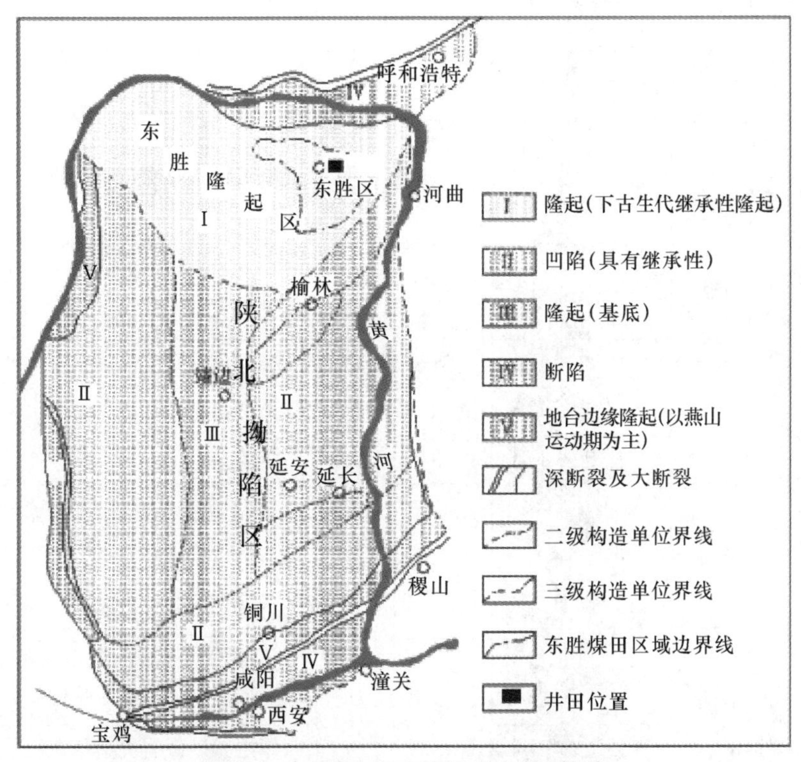

图4－1　鄂尔多斯盆地某矿区构造纲要

2. 鄂尔多斯盆地区域地层

鄂尔多斯盆地位于中国中西部地区，为中国第二大沉积盆地，其天然气、煤层气、煤炭三种资源探明储量均居全国首位，石油资源居全国第四位。此外，该区域还含有水资源、地热、岩盐、水泥灰岩、天然碱、铝土矿、油页岩、褐铁矿等其他矿产资源。其包括甘肃东部、宁夏大部、陕西北部、内蒙古和山西部分地区。基底为太古界及下元古界变质岩系，沉积盖层有长城系、蓟县系、震旦系、寒武系、奥陶系、石炭系、二叠系、三叠系、侏罗系、白垩系、古近系、新近系、第四系等，总厚度为5 000～10 000 m。主要油气产层是三叠系、侏罗系和奥陶系、上古生界和下古生界。

矿产普查及勘探工作中的区域地质是相对矿区而言的，是指包括矿区在内的某一较大地区范围内的岩石、地层、构造、矿产等基本地质情况。它与矿区地质的关系是全局与局部的关系。研究区域地质的目的，是了解矿产形成的地质条件和分布规律、寻找新的矿床、扩大矿区远景，以及为正确评价矿床等提供资料依据。

鄂尔多斯盆地区域地层情况见表4－1。

表4－1 鄂尔多斯盆地区域地层情况

地层时代					厚度/m	主要地壳运动	岩性描述
届	系	统	组	符号			
新生届	第四系	全新统		Q_4	60	喜山运动阶段	黄褐色砂质黏土及砾石层
		上更新统		Q_3	80		黄灰色土、黄色黄土、亚黏土
		中更新统		Q_2	130		灰黄色、浅褐色粉质黏土
		下更新统		Q_1	10		浅棕黄色砂质黏土
	第三系	上新统		N_2	690		三趾马红土、黄色泥质粉砂、砂岩
		中新统		N_1	960		橙黄色、灰绿色、泥质粉砂岩及粉砂质泥岩
		渐新统		E_3	700	燕山运动阶段	上部为钙质粉砂岩，下部为淡黄色泥质粉砂岩、砂岩互层
		始新统		E_2	270		砖红色、厚层、块状中－细粒砂岩
中生届	白垩系	下统	洛河组	K_1L	0～770		粉红色块状砂岩，局部夹粉砂岩及泥质条带
			宜君组	K_1Y			
	朱罗系	中统	安定组	J_2a	10～620		顶部为泥灰岩，中部为紫红色泥岩，底部为灰黄色细砂岩
			直罗组	J_2z			灰绿色、紫红色泥岩与浅灰色砂岩互层
		下统	延安组	J_2y			深灰色、灰黑色泥岩与灰色砂岩互层，夹多层煤，成为厚层状砂砾岩，含油层气
			富县组	J_2f			厚层状砂砾岩夹杂色泥岩
	三叠系	上统	延长组	T_3y	1 000～1 100	印支运动阶段	上部为泥岩夹粉细砂岩，砂质页岩夹煤层，中部厚层状砂岩为主夹砂质泥岩、炭质页岩，下部为长石砂岩夹紫色泥岩，含油层气
		中统	纸坊组	T_2z	500		上部为灰绿色、棕紫色泥质岩、夹砂岩，下部为灰紫色砾岩、砂砾岩
		下统	和尚沟组	T_1h	120		棕色、紫灰色泥岩，夹棕色、紫灰色砂岩及含砾砂岩
			刘家沟组	T_1l	380		灰紫色、灰白色砂岩及泥质岩、砂砾岩

续表

地层时代					厚度/m	主要地壳运动	岩性描述
届	系	统	组	符号			
晚古生届	二叠系	上统	石千峰组	P_3s	260	海西运动阶段	上部以棕红色、紫红色含灰质结核的泥岩为主，下部为砂岩夹泥岩
		中统	石盒子组	P_2s	350		红色泥岩夹砂质泥岩互层，上部夹有1～3层硅质层，中部为褐色、灰绿色炭质泥岩，肉红色、浅灰色泥质砂岩与细砂岩互层，见含气层；下部为浅灰色、灰白色含砾粗砂岩，中粗粒砂岩及灰绿色石英砂岩，主要含气层系
		下统	山西组	P_1s	120		上部为灰色、灰黑色砂岩，石英砂岩夹黑色泥岩，含气层系；下部为灰色、灰白色含砾砂岩石英砂岩夹薄层粉砂岩、黑色泥岩及煤层，主要含气层系
			太原组	P_1t	80		上部东大窑灰岩，含6号煤层，下部为毛儿沟灰岩、含7号煤层、庙沟灰岩，含气层系
	石炭系	上统	本溪组	C_2b	50		上部含9号煤层，砂岩层，有时渐变为吴家裕灰岩；下部为铝土质岩和砂泥岩局部夹灰岩
早古生届	奥陶系	上统	背锅山组	O_3b	800	加里东运动阶段	块状、粒状及瘤状灰岩
		中统	平凉组	O_2p	1 000		上部为灰绿色泥（页）岩夹灰岩及中细砂岩
		下统	马家沟组	O_1m	1 000		上部为灰色、深灰色灰岩和黑色泥岩，灰色、灰褐色细粉晶云岩夹泥岩，主要含气层系； 中部为灰色含泥云岩与云质泥岩，或灰白色硬石膏岩互层、凝灰岩，含气层系； 下部为灰岩、泥岩及泥质云岩
			亮甲山组	O_1l	90		深灰色块状灰岩及白云质灰岩
			冶里组	O_1y	70		浅灰色硅质灰岩

续表

地层时代					厚度/m	主要地壳运动	岩性描述
届	系	统	组	符号			
早古生届	寒武系	上统	风山组	∈3f	60	加里东运动阶段	深灰色、浅橘黄色白云质竹叶状灰岩
			长山组	∈3c	90		深灰色块状白云质灰岩及竹叶状灰岩
			崮山组	∈3g	270		浅黄色、灰色块状泥质灰岩夹白云质灰岩
		中统	张夏组	∈2z	170		深灰颗粒状灰岩、鲕状灰岩夹泥灰岩薄层
			徐庄组	∈2z	120		暗紫色泥页岩夹深灰色鲕状灰岩及云岩薄层砂岩
			毛庄组	∈2x	40		暗紫色泥页岩夹深灰色鲕状灰岩及石英砂岩
		下统	馒头组	∈1m	70		浅灰、紫色层状鲕状灰岩及石英砂岩
			猴家山组	∈1h	100		浅灰色层状含磷砂岩及磷块岩夹结晶灰岩
上元古届	震旦系			Zz	180	蓟县运动	紫红色、紫灰色泥（页）岩及灰白色砾岩夹石英砂岩
	蓟县系			Zj	>1 000		灰色、浅棕色厚状白云岩、白云质灰岩
	长城系			Zc	>1 000		肉红色石英岩状砂岩 绢云母石英片岩、杂色片岩
下元古界	滹沱系			Pt1h	8 000	吕梁运动	千枚岩、板岩、石英岩及大理岩
	五台系			Pt1w	8 000	五台运动	绿色片岩
太古界	桑干系			Ar	9 000		深变质花岗片麻岩

4.2 区域水文地质

4.2.1 区域水文地质概况

东胜煤田位于鄂尔多斯高原东北部，海拔高程一般为1 200～1 400 m，地形中部高，向南、北两侧逐步降低，沿泊尔江海子－东胜－潮脑梁一带地形较高，海拔高程一般为1 400～1 500 m，构成区域地表分水岭，俗称“东胜梁”。最高点在东胜东南约18 km处的神山上，海拔高程为1 584 m。煤田内地形切割强烈，沟谷纵横，具侵蚀性丘陵地貌特征。主要沟谷有乌兰木伦河、勃牛川、罕台川、哈什拉川、西柳沟等，均属黄河流域水系，多为季节性沟谷，旱季干涸无水或有溪流，雨季在暴雨过后可形成短暂的洪流。

根据地下水的赋存条件和水力性质，可将区域含水岩组划分为新生界松散岩类孔隙潜水含水岩组和中生界碎屑岩类孔隙、裂隙潜水～承压水含水岩组两类。

东胜煤田水文地质特征见表4－2。

表4－2　东胜煤田水文地质特征

地下水类型	含水单元	主要岩性	层厚/m	单位涌水量/[$L\cdot(s\cdot m^{-1})$]	水质类型	矿化度/($g\cdot L^{-1}$)
松散岩类孔隙潜水含水岩组	全新统冲洪潜水含水层	各粒级砂、砾石层	16～36	0.006 11～0.36	CHO_3-Ca	
	全新统风积沙潜水层	浅黄色细粒砂	0～56	2.555～40.91	CHO_3-Ca	0.2～0.38
	萨拉乌素组潜水含水层	湖积粉、细砂	107.03	0.016～3.74	CHO_3-Na	0.8
碎屑岩类孔隙、裂隙潜水～承压水含水岩组	志丹群含水层	砾岩、粗粒砂岩为主夹细砂岩泥岩	0～500	0.007 8～2.171	$HCO_3-K\cdot Na$ $HCO_3-Ca\cdot Mg$	0.25～0.3
	侏罗系中统含水层	以中、粗粒砂岩为主	0～358	0.000 437～0.027 4	$Cl\cdot HCO_3-K\cdot Na$	0.741～0.95
	侏罗系中下统延安组含水层	灰白色、浅灰色各粒级砂岩	133.28～279.18	0.002 7～0.026	$CHO_3\cdot Cl-K\cdot Na$	0.10～175.4
	三迭系上统延长组含水层	灰绿色中、粗粒砂岩为主	＞78	0.000 308～0.253	$Cl-K\cdot Na$ $CHO_3\cdot Cl\cdot SO_4-Na$	

4.2.2　井田水文地质条件

井田位于祁连矿区的南部，地表水较集中，地下水较分散，属地表径流区及排泄区。位于矿区南部的忽吉图沟为本区地表水体及潜水的最终排泄处。区内地表完全被第四系松散层所覆盖，地下水水位埋藏较浅，地下水总体方向为西北向东南运移，水文地质条件为一类一型，沟谷地段为一类二型，由于本矿区位于忽吉图沟边，故水文地质条件为一类二型。

1. 含水层的情况

（1）第四系松散层（潜水）含水段：以风积砂为主，局部含砾，富水段主要集中于沟谷地段及地势低洼处，主要受大气降水及地形地貌的控制，一般贫水季节泉水流量小于

0.794 L/s，水质类型与地表水体一致，属于 HCO_3-Ca 型水，矿化度为 $m=0.2$ g/L。

（2）5^{-2}号煤层 ~ Q_4 底间潜水含水岩段：5^{-2}号煤层顶部直接充水含水层是上覆的主体含水层，含水层厚度一般为 19.71 m，含水层的主要岩性为呈灰白色、灰绿色的中细粒砂岩，该段含水层直接或间接接受大气降水补给，在近区南部忽吉图沟地段有 5^{-2}号煤层顶板泉出露，最大的流量在 0.20 L/s 以上，流量随季节的变化而变化，水质类型属于 $HCO_3-Ca+Mg$ 型水，矿化度为 $m=0.6$ g/L。

（3）5^{-2}号煤层 ~6 号煤层承压水含水岩段：该段含水层岩性主要以中、细砂岩为主，厚度一般为 15.68 m，含水岩层段接近 3 号煤顶板，补给条件差，胶结较致密，透水性能差，形成了具有高水头、小水量、降深大、弱含水岩层的特征，地下水以静储量为主，流量为 0.400 L/s，水质类型为 $Cl-SO_4-Na$ 型水，矿化度 $m=2.8$ g/L。

井田内潜水、含水岩段以 5^{-2}号煤顶板为界，直接或间接接受大气降水的补给，因此季节变化显著，径流区为区内的洼地与冲沟，地表排泄区为区南部的忽吉图沟。

6 号煤层顶部承压含水层的补给条件受地质构造的控制，含水层的补给水源远，岩石的透水性差，所以流径本区的地下水弱，属于弱径流区，地下水以静储量为主。

综上所述，该区主要充水为第四系孔隙水，其次是较弱的孔隙 ~ 裂隙型地下水，属于地质条件简单类型。

2. 充水因素分析

由于矿井位于本区地表水体及潜水的最终排泄处——忽吉图沟，大气降水可以从煤层露头及埋藏较浅处直接和间接渗入开采煤层 5^{-2}号煤层造成危害。忽吉图沟为常年地表径流，雨季水量较大，一般流量为 0.276 ~ 0.817 L/s，该矿开采煤层位于侵蚀基准面以下，地表水可直接和间接使矿井充水，尤其在雨季及多雨年份对矿井影响较大。

在矿区南部及东部由于煤层发生自燃现象，煤层大面积烧失，煤层顶、底板均遭受烘烤，使围岩产生大量孔隙、裂隙及空洞，上覆地层存在明显的塌陷，直达地表，这就使地表及地下水通过裂隙导入巷道，造成透水事故。由于以往在勘查中未将火烧区裂隙的发育情况、波及范围、塌陷范围调查清楚，故建议在今后的工作中进一步查明火烧区的影响及情况，并采取相应的防范措施，以杜绝透水事故的发生。

3. 矿井涌水量

地质报告提供矿井正常涌水量为 15 m^3/h，最大涌水量为 30 m^3/h，该矿开采 5^{-2}号煤层时实际涌水量为 8 m^3/h 左右，可见矿井涌水量较小。

4.3 地质构造

地质构造是指在地应力的作用下，岩层或岩体发生变形或位移而遗留下来的痕迹。

地质构造有褶皱构造和断裂构造。其中断裂构造包括节理、断层两种构造。

4.3.1 褶皱构造

层状岩石经过变形后发生弯曲，但岩层保持连续性和完整性，这种构造称为褶皱构造。褶曲是褶皱构造的一个弯曲，它是褶皱构造的基本单位，褶皱由一系列的褶曲组成，如图 4-2 所示。

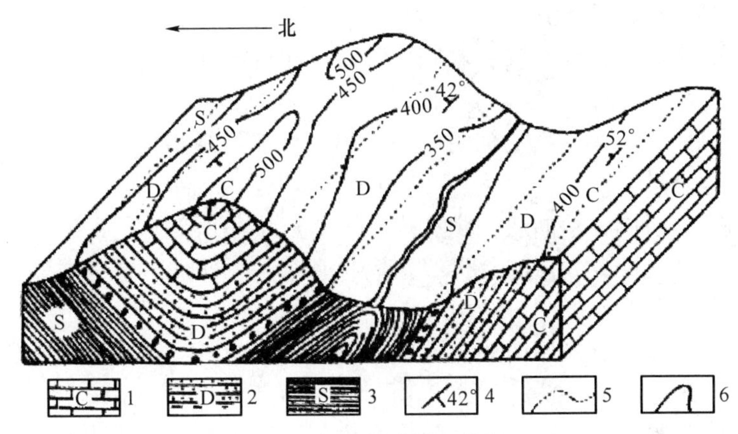

图4－2　褶皱构造立体图

1—石炭系；2—泥盆系；3—志留系；4—岩层产状；5—岩层界线；6—地形等高线（单位：m）

1. 褶曲的基本形态

褶曲有背斜和向斜两种基本形态。背斜是指岩层向上弯曲、两翼岩层相背倾斜，中心部位岩层较老，两翼岩层依次变新，在地形地质图上用“∧”表示，如图4－3所示。向斜是指岩层向下弯曲、两翼岩层相向倾斜，中心部位岩层较新，两翼岩层依次变老，在地形地质图上用“∨”表示，如图4－3所示。

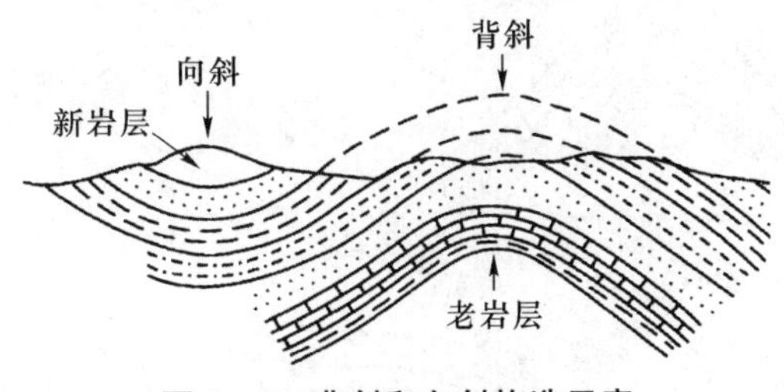

图4－3　背斜和向斜构造示意

2. 褶曲要素

褶曲的组成部分称为褶曲要素，如图4－4所示。

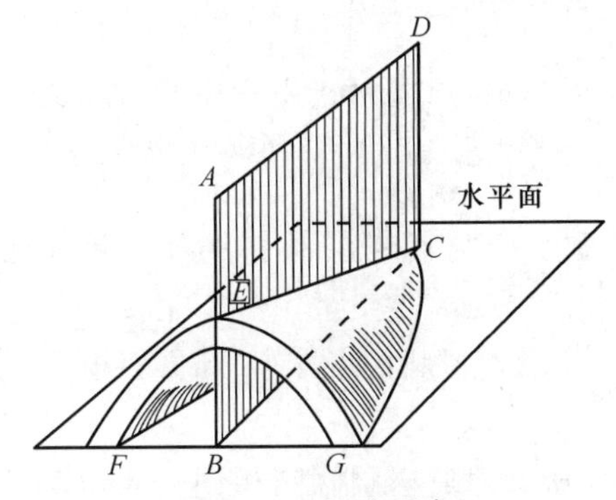

图4－4　褶曲要素

ABCD 为轴面；*CEF* 与 *CEG* 为两翼；*B* 为核部；*BC* 为轴；*EC* 为枢纽；*C* 为倾伏端

（1）核部。核部即褶曲的中心，有时也称轴部。背斜核部岩层较老（称“新包老”），向斜核部地层较新（称“老包新”）。在野外踏勘或在矿山井下巷道揭露岩层经常用这种岩层的对称性来判断背斜和向斜。

（2）翼部与翼角。翼部是指核部两侧的岩层。翼部的倾角称为翼角。翼角的大小反映了当时岩层受挤压的程度。

（3）转折端。转折端是褶曲从一翼向另一翼过渡的弯曲部分。

（4）枢纽。枢纽是两翼岩层的分界线，形状有水平、倾斜、弯曲或直立等。枢纽的产状用倾伏向和倾伏角来表示。

（5）轴面。轴面是平分褶曲的假想面，也可以看作由各岩层的枢纽线组成的面。轴面的产状可以是水平面、倾斜面或直立面。

（6）轴及轴迹。褶曲轴面与水平面的交线称为轴或轴线，其代表轴面的走向线，其长度代表褶曲的延伸长度，方位代表延展方向。轴线可以是直线，也可以是曲线。在地形地质图等水平投影图上用“—↕—”表示背斜轴，用“—*—”表示向斜轴。轴面与地面的交线称为轴迹。在地质图上、地形起伏不大及小比例尺图上均可以用轴迹代表轴。

3. 褶曲形态分类

（1）横剖面的形态分类。根据轴面产状，褶曲形态可分为如下几类，如图 4－5 所示：

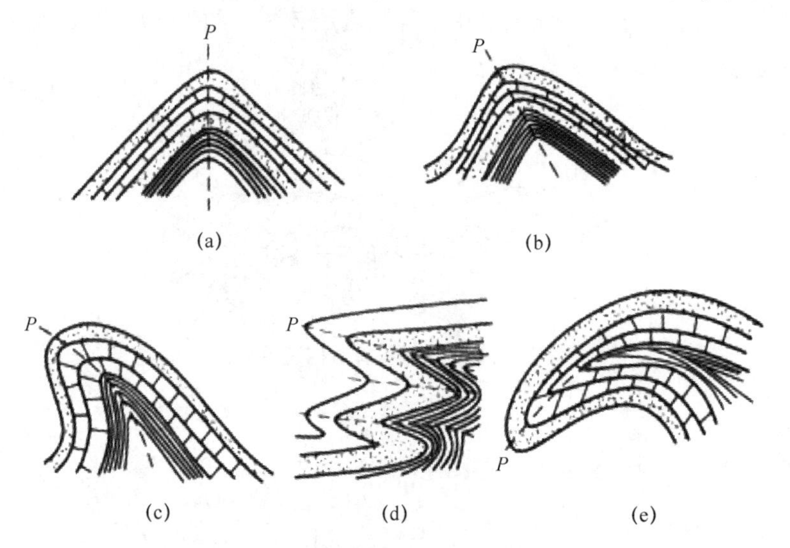

图 4－5 根据轴面产状褶曲形态的分类

（a）直立褶曲；（b）倾斜褶曲；（c）倒转褶曲；（d）平卧褶曲；（e）翻卷褶曲

①直立褶曲：轴面呈直立状，两翼岩层倾斜相反，翼角近于相等，如图 4－5（a）所示。

②倾斜褶曲（斜歪褶曲）：轴面呈倾斜状，两翼岩层倾斜相反，翼角不相等，如图 4－5（b）所示。

③倒转褶曲：轴面呈倾斜状，两翼岩层倾斜相同，翼角不一定相等，一翼地层层序正常，另一翼地层层序倒转，如图 4－5（c）所示。

④平卧褶曲：轴面及两翼岩层呈近似水平状，一翼地层层序正常，另一翼地层层序倒转，如图 4－5（d）所示。

⑤翻卷褶曲：轴面翻卷向下弯曲，两翼岩层向下弯曲，且一翼地层层序正常，另一翼地层层序倒转，翼角近于相等，如图4－5（e）所示。

（2）纵剖面的形态分类。根据枢纽的形态，褶曲形态可分为如下几类，如图4－6所示：

①水平褶曲：褶曲的枢纽呈水平或近似水平状，如图4－6（a）所示。

②倾伏褶曲：褶曲的枢纽呈倾斜状，向一端或两端倾斜，如图4－6（b）所示。

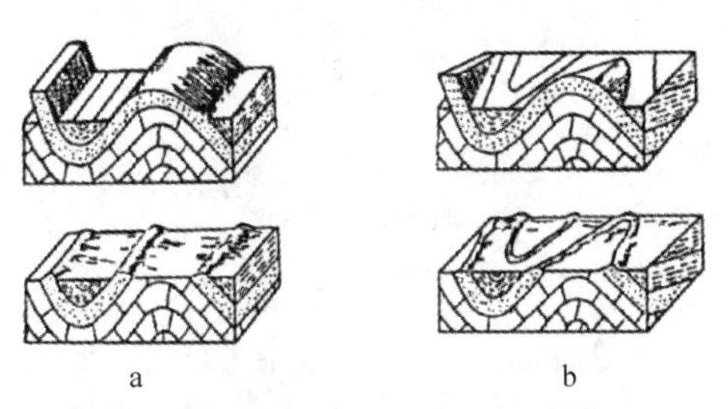

图4－6 褶曲纵剖面按枢纽形态分类

（a）水平褶曲；（b）倾伏褶曲

（3）按平面的形态，褶曲可分为如下几类：

①线性褶曲：指褶曲在平面上延伸的长宽之比大于10:1。

②短轴褶曲：指褶曲在平面上延伸的长宽之比为10:1～3:1。

③穹隆和构造盆地：指褶曲在平面上延伸的长宽之比小于3:1，如图4－7所示。

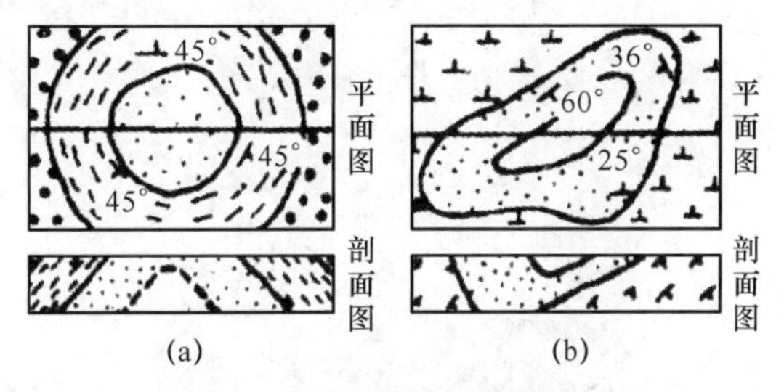

图4－7 穹隆和构造盆地形态

（a）穹隆；（b）构造盆地

4.3.2 断裂构造

岩石受力变形后岩层的连续性和完整性遭到破坏，在岩层一定部位和一定方向上产生破裂，即形成断裂构造。断裂构造可分为节理和断层两种。节理是指破裂面两侧的岩块没有发生明显位移；断层是指破裂面两侧的岩块发生了明显位移。

1. 节理

节理是指没发生明显位移的断裂构造，又称为裂隙。破裂面称节理面。节理面的形态（有直立的、弯曲的，完整面和破碎面等）和产状各异（有水平的、直立的及倾斜的）。用地质罗盘可以测节理面的产状要素。

节理在岩层中总是成组出现。通常把同一时期形成的、具有同一力学性质且相互平行或大致平行的一组节理称为节理组。把有成因联系的两组或两组以上的节理组称为节理系。

节理按成因分为原生节理和次生节理；次生节理又分为构造节理和非构造节理。其中构造节理与褶皱和断层有密切的联系。所以，在矿山开采中，经常把构造节理作为寻找预测大的断裂构造的依据来研究。

非构造节理是外力地质作用和人为因素形成的，如爆破、滑坡、冲击地压及风化等。

根据力学性质，节理又分为张节理和剪节理。张节理是由构造运动产生的张应力作用形成的，常分布在背斜的转折端、穹隆的顶部、褶曲的枢纽的急剧倾斜部位。通常有两组即横、纵张节理（图4－8）。

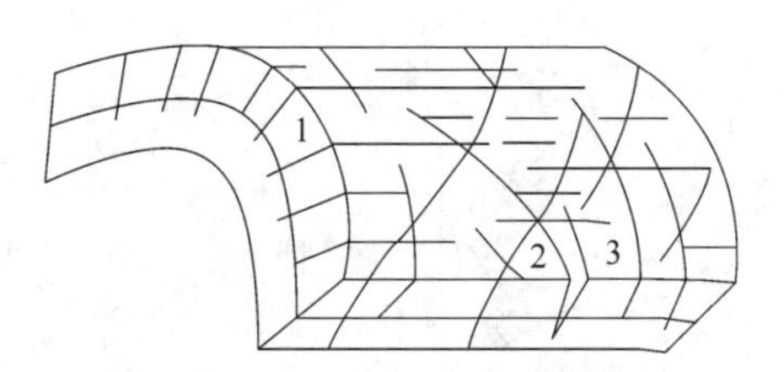

图4－8　褶皱产生的张节理示意

1—纵张节理；2—斜张节理；3—横张节理

剪节理是构造运动产生的剪切应力作用形成的。剪节理分布广泛，不论水平岩层还是倾斜岩层都较发育。

2. 断层

断层是指受力后发生破裂且两侧岩块发生明显位移的断裂构造。其类型和形态多，分布广，对矿山开采设计和安全生产都有很大影响，是地质工作研究的重点。

1）断层要素

断层的基本组成部分称为断层要素，如图4－9所示。

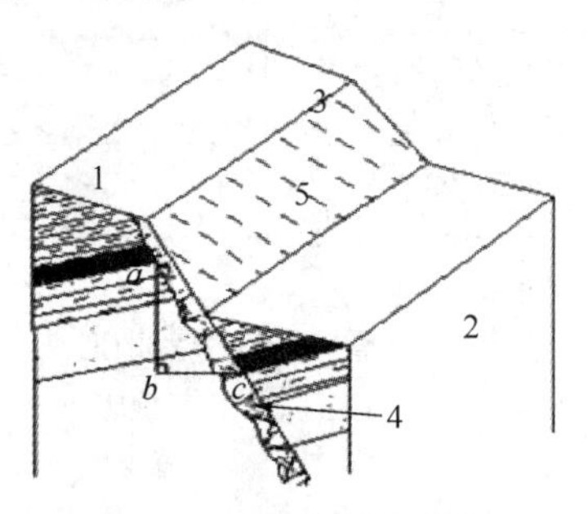

图4－9　断层要素示意

1—下盘（又称上升盘）；2—上盘（又称下降盘）；3—断层线；4—断层带；5—断层面；*ab*—落差；*bc*—平错

（1）断层面。断层面指断层的破裂面（如图4－9中的5所示）。其形态有平直的，也有波状的。有的断层面没有完整的面，而是一个破碎的条带，称为断层破碎带。其产状有直立的，也有倾斜的。断层面可以用地质罗盘测量其产状要素。

（2）断盘。断层两侧相对位移的岩块称为断盘。相对上升的岩块称为上升盘（如图4－9中的1所示），相对下降的岩块称为下降盘（如图4－9中的2所示）。当断层面倾斜时，位于断层面上方的岩块称为上盘（如图4－9中的2所示），位于断层面下方的岩块称为下盘（如图4－9中的1所示）。当断层面直立时可根据方位命名为东盘、北盘等。

（3）断层线。断层面与地面的交线称为断层线（如图4－9中的3所示）。断层线有时呈直线，有时呈曲线，取决于断层面与地形的起伏情况。

断层面与煤层面的交线称为断煤交线。断层面与上盘煤层面的交线称为上盘断煤交线，断层面与下盘煤层面的交线称为下盘断煤交线，如图4－10所示。

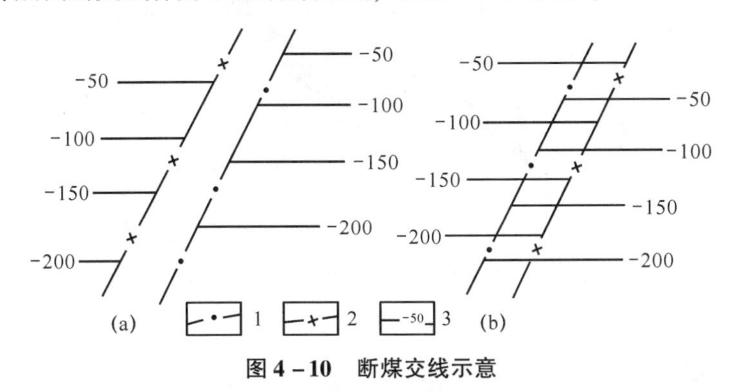

图4－10　断煤交线示意

（a）正断层；（b）逆断层

1—上盘断煤交线；2—下盘断煤交线；3—煤层底板等高线（单位：m）

（4）断距。断层两盘同一岩层面相对位移的距离称为断距。断距可反映断层规模大小，它对煤矿生产影响极大。通常，断距是根据不同方向剖面上岩层或煤层被错开的相对位置来确定的。

在垂直于岩层走向的剖面上可测得的断距如下：

①地层断距：指断层两盘上同一岩层面被错开的垂直距离，如图4－11中的*ho*所示。

②水平地层断距：指断层两盘上同一岩层面被错开的水平距离，如图4－11中的*hf*所示。

③铅直地层断距：指断层两盘上同一岩层面被错开的铅直距离，如图4－11中的*hg*所示。

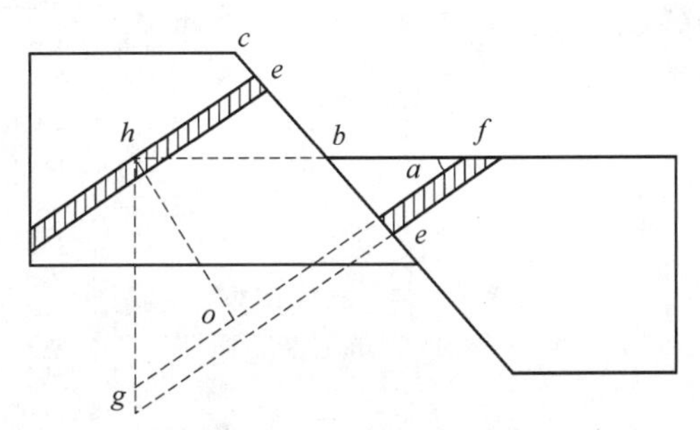

图4－11　地层断距示意

ho—地层断距；*hf*—水平地层断距；*hg*—铅直地层断距

在矿山开采中，为设计竖井和平巷的长度，常采用落差和平错这类断距术语。

（1）落差：在垂直于断层走向的剖面上断层两盘同一岩层或煤层面对应点的高程差，如图4－12中的*ab*所示。

（2）平错：在垂直于断层走向的剖面上断层两盘同一岩层或煤层面对应点的水平距离，如图4－12中的*bc*所示。

2）断层分类

（1）根据断层两盘相对位移方向，断层可分为如下三类：

①正断层。上盘相对下降，下盘相对上升的断层称为正断层，如图4－13所示。正断层在地质图和平面图上的表示符号为“⊥”。

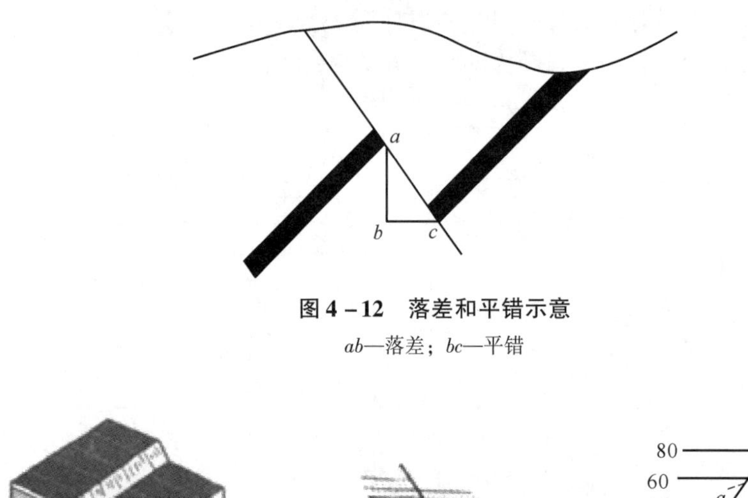

图 4-12　落差和平错示意

ab—落差；*bc*—平错

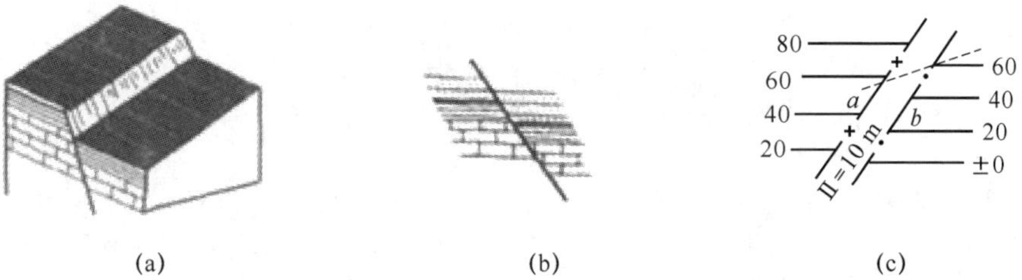

(a)　(b)　(c)

图 4-13　正断层示意

(a) 正断层立体图；(b) 垂直岩层走向的正断层剖面图；(c) 正断层平面投影图

②逆断层。上盘相对上升，下盘相对下降的断层称为逆断层，如图 4-14 所示。逆断层在地质图和平面图上的表示符号为“  ”。

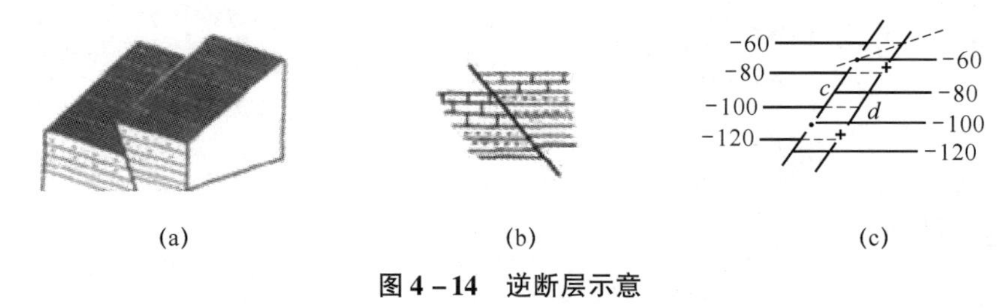

图 4-14　逆断层示意

(a) 逆断层立体图；(b) 垂直岩层走向的逆断层剖面图；(c) 逆断层平面投影图

③平移断层。两盘岩块作水平方向的相对运动的断层称为平移断层，如图 4-15 所示。

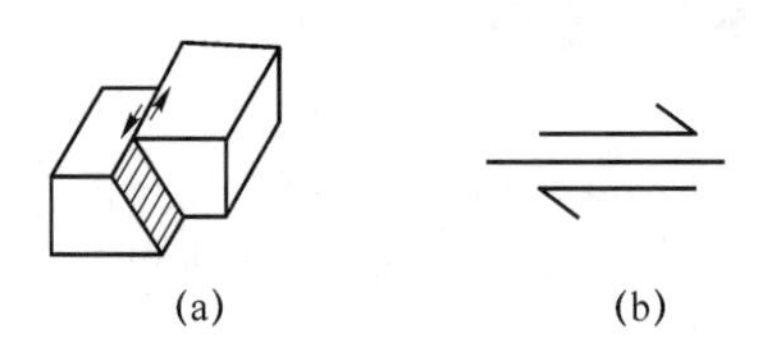

(a)　(b)

图 4-15　平移断层示意

(a) 平移断层立体图；(b) 平移断层平面投影图

(2) 根据断层走向与岩层走向的关系，断层可分为如下三类：

①走向断层。断层走向与岩层走向平行或基本平行称为走向断层，如图 4-16 中的 F_1 所示。

②倾向断层。断层走向与岩层走向垂直或基本垂直称为倾向断层，如图 4-16 中的 F_2 所示。

③斜交断层。断层走向与岩层走向斜交称为斜交断层，如图4－16中的F_3所示。

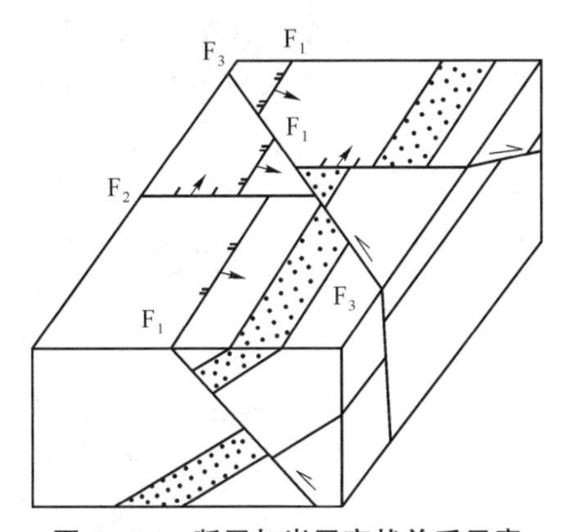

图4－16　断层与岩层产状关系示意

F_1—走向断层；F_2—倾向断层；F_3—斜交断层

（3）按断层与褶曲轴向的关系，断层可分为如下三类：

①纵断层：断层走向与褶曲轴或区域构造线方向一致，如图4－17中的F_1所示。

②横断层：断层走向与褶曲轴或区域构造线方向垂直，如图4－17中的F_2所示。

③斜断层：断层走向与褶曲轴或区域构造线方向斜交，如图4－17中的F_3所示。

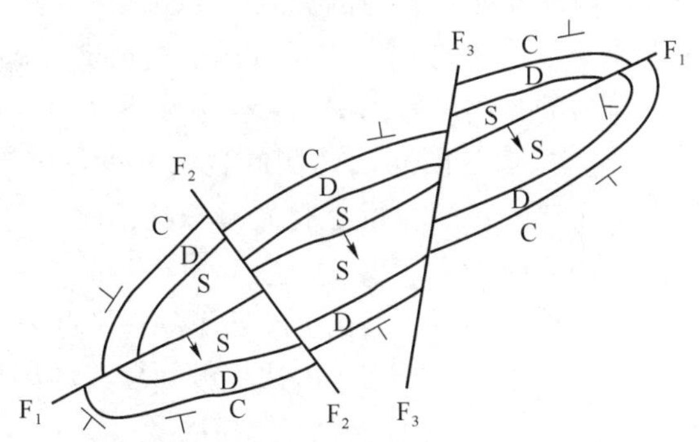

图4－17　断层与褶皱轴向关系示意

F_1—纵断层；F_2—横断层；F_3—斜断层

（4）根据断层的组合形式分类。断层可以单条发育，也可以成群出现，由多条断层排列成一定的组合形式。常见的组合形式如下：

①地堑和地垒。地堑是指两条以上的走向大致平行，具有共同的下降盘的断层组合，如图4－18（a）所示；地垒是指两条以上的走向大致平行的断层，具有共同的上升盘的组合形式，如图4－18（b）所示。地堑和地垒一般由正断层组成。

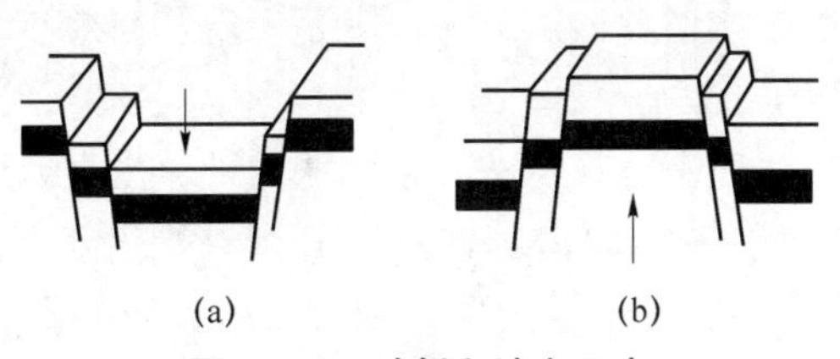

图4－18　地堑和地垒示意

（a）地堑；（b）地垒

②阶梯状构造。阶梯状构造由数条产状大致相同的正断层组成。从剖面上看，各个断层的上盘向同一方向依次下降，使岩层或煤层呈阶梯状，如图 4－19（a）所示。

③叠瓦状构造。叠瓦状构造由数条产状大致相同的逆断层组成，其上盘均向同一方向依次逆冲形成，如图 4－19（b）所示。

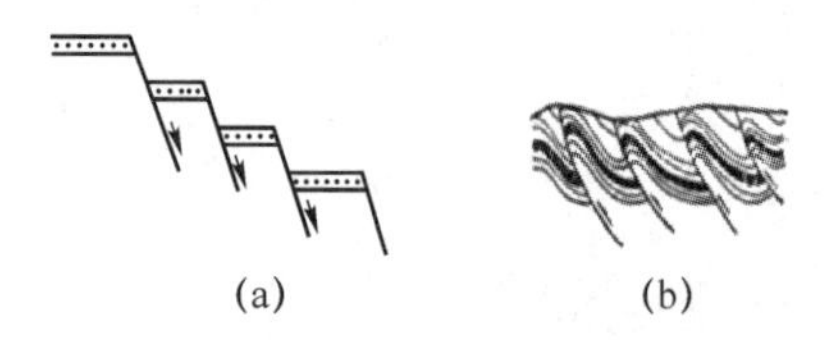

图 4－19　阶梯状构造与叠瓦状构造示意

（a）阶梯状构造；（b）叠瓦状构造

3. 野外判断地质构造的方法

1）断层识别

断层标志是确定断层存在的依据，归纳起来主要有以下几个方面：

（1）煤、岩层不连续。在野外或井下发现煤、岩层突然中断或错开，并与其他煤（岩）层接触，这是断层存在的直接标志。

（2）构造不连续。褶皱轴线或早期存在的断层等在延展方向上突然中断、错开，造成构造不连续现象，这是横断层或斜交断层存在的标志。

（3）煤、岩层的重复与缺失。一般走向正断层或逆断层可造成煤、岩层的重复或缺失。断层位移类型不同，断层与岩层的倾向、倾角不同，会造成不同的重复和缺失情况。

（4）断层面的擦痕与阶步。擦痕是断层面两侧的岩块发生位移时相互摩擦而形成的痕迹。擦痕由粗而深的一端向细而浅的一端，摸之有光滑感觉，此方向反映对盘的滑动方向；反之有粗糙感，表示本盘的滑动方向。

阶步是发育在断层面上的一种小陡坎，其高度一般不超过数毫米，延伸方向大致与擦痕的延伸方向垂直。阶步是由断层两盘滑动过程中一次停顿间歇或局部阻力差异形成的；小陡坎指向断层对盘相对滑动的方向。

（5）断层角砾岩和断层泥。在断层破碎带中，由于岩石受到强大压力作用而破碎成大小不等的岩石碎块，经过碎屑基质胶结后，形成断层角砾岩。在泥质岩或煤层的断面上，常夹有被磨得很细的泥，称为断层泥。断层角砾岩和断层泥都是岩层错动形成的产物，可作为确定断层存在的标志。

（6）其他标志。由于断层的影响，山脊突然错开，地貌上形成悬崖峭壁。有的断层破碎带有泉水涌出，泉点呈串珠状分布，如东非大裂谷。在矿井巷道接近断层时，往往有滴水、淋水或涌水等渗水增大的现象。一般在地表大多数“逢河必断”，河流常常沿着断裂带流动，如黄河水流方向在鄂尔多斯盆地西北方向就是沿着黄河地堑断裂带流动。

2）野外观察褶皱构造的方法

野外观察褶皱构造的方法通常有穿越法和追踪法两种。垂直岩层走向观察褶皱构造称为穿越法；平行岩层走向观察褶皱称为追踪法。在一般情况下，地表“背斜成山、向斜成谷”，但也有特殊情况，当背斜核部地层为较柔软的岩石，如泥岩、页岩和煤层等时，容易遭风化剥蚀而变成“低谷”；而当向斜核部较新的岩石比较坚硬时，则不容易被自然应力所破坏而成为“高山”。

技能训练

项目4.1　矿区水文地质条件调查

技能目标：掌握矿区水文地质条件。

以实训基地企业的地质资料为例，完成学习任务并提交调查报告。

学习任务4.1.1　水文地质条件调查

学习任务4.1.2　实习矿采区水仓和总水仓设计依据及排水系统设置

学习任务4.1.3　该矿防治水害技术措施以及应急处置措施

项目4.2　矿区构造纲要图

技能目标：掌握矿区构造发展的规律以及对矿产开采产生的影响。

学习任务：画出矿区构造纲要图，并收集影响该矿安全开采的主要地质因素。

项目4.3　野外观测地质构造

技能目标：

(1) 初步掌握路线地质剖面图的作图方法。

(2) 掌握地质构造的观察方法。

(3) 会画地质构造素描图。

(4) 会测量并记录地质构造面的产状。

带齐野外实习装备和工具，按照指导老师的要求，沿着指定的地质踏勘线路进行观察，并按要求完成实习任务。

单元5

含煤地层与煤

5.1 中国煤的分类

我国煤炭资源丰富，煤种齐全。为了合理利用煤炭资源，现行新煤分类方案为2009年6月1日发布、2010年10月1日实施的《中国煤炭分类》（GB/T 5751—2009）。GB/T 5751—2009规定了基于应用的中国煤分类体系，它适用于中国境内勘查、生产、加工利用和销售的煤炭。

在该分类体系中，首先按煤的干燥无灰基挥发分（V_{daf}）等指标，将所有煤分为褐煤、烟煤和无烟煤（表5－1）；对于褐煤和无烟煤，根据干燥无灰基挥发分和工艺性能可分为2小类（表5－2）和3小类（表5－3）；再根据干燥无灰基挥发分和黏结指数等指标，把烟煤分为12小类（表5－4）；对于烟煤，按干燥无灰基挥发分 $V_{daf}>10\%\sim20\%$、$V_{daf}>20\%\sim28\%$、$V_{daf}>28\%\sim37\%$ 和 $V_{daf}>37\%$ 的四个阶段，分为低、中、中高及高挥发分烟煤。关于烟煤的黏结性，则按黏结指数 G 区分：$G=0\sim5$ 为不黏结和微黏结煤；$G>5\sim20$ 为弱黏结煤；$G>20\sim50$ 为中等偏弱黏结煤；$G>50\sim65$ 为中等偏强黏结煤；$G>65$ 为强黏结煤。对于强黏结煤，又把衡量煤工艺性能的指标胶质层最大厚度 $Y>25$ mm或奥亚膨胀度 $b>150\%$（对于 $V_{daf}>28\%$ 的烟煤，$b>220\%$）的煤称为特强黏结煤。各类煤的名称可用汉语拼音的首字母为代号表示（表5－5）。

煤类的编码：各类煤用两位数阿拉伯数字表示，十位数表示煤的干燥无灰基挥发分，个位数对于无烟煤和褐煤表示煤化程度，对于烟煤则表示黏结性。

表5－1　无烟煤、烟煤及褐煤分类（GB/T 5751—2009）

类别	代号	编码	分类指标	
			V_{daf}/%	PM/%
无烟煤	WY	01.02.03	≤10.0	—

续表

类别	代号	编码	分类指标	
			V_{daf}/%	PM/%
烟煤	YM	11.12.13.14.15.16	>10.0~20.0	—
		21.22.23.24.25.26	>20.0~28.0	
		31.32.33.34.35.36	>28.0~37.0	
		41.42.43.44.45.46	>37.0	
褐煤	HM	51.52	>37.0	≤50

表5-2　褐煤亚类的划分（GB/T 5751—2009）

类别	代号	编码	分类指标	
			PM/%	$Q_{gr,maf}$/（MJ·kg^{-1}）
褐煤一号	HM1	51	≤30	—
褐煤二号	HM2	52	>30~50	≤24
凡 V_{daf}>37%，PM >30%~50%的煤，如恒湿无灰基高位发热量 $Q_{gr,maf}$>24 MJ/kg，则划为长焰煤。				

表5-3　无烟煤亚类的划分（GB/T 5751—2009）

类别	符号	编码	分类指标	
			V_{daf}/%	H_{daf}/%
无烟煤一号	WY1	01	≤3.5	≤2.0
无烟煤二号	WY2	02	>3.5~6.5	>2.0~3.0
无烟煤三号	WY3	03	>6.5~10.0	>3.0
备注：在已经确定无烟煤亚类的生产矿、厂的日常工作中，可以只按 V_{daf} 分类；在地质勘查工作中，为新区确定亚类或生产矿、厂和其他单位需要重新核定亚类时，应同时测定 V_{daf} 和 H_{daf}（干燥无灰基氢含量），按上表为亚类。如两种结果有矛盾，以按 H_{daf} 划分亚类的结果为准。				

表5-4　烟煤的分类（GB/T 5751—2009）

类别	代号	编码	分类指标			
			V_{daf}/%	G	Y/mm	b/%
贫煤	PM	11	>10.0~20.0	≤5	—	—
贫瘦煤	PS	12	>10.0~20.0	>5~20	—	—
瘦煤	SM	13	>10.0~20.0	>20~50	—	—
		14	>10.0~20.0	>50~65		

续表

类别	代号	编码	分类指标			
			V_{daf}/%	G	Y/mm	b/%
焦煤	JM	15 24 25	>10.0～20.0 >20.0～28.0 >20.0～28.0	>65 >50～65 >65	≤25.0 ≤25.0	≤150 ≤150
肥煤	FM	16 26 36	>10.0～20.0 >20.0～28.0 >28.0～37.0	(>85) (>85) (>85)	>25.0 >25.0 >25.0	>150 >150 >150
1/3 焦煤	1/3JM	35	>28.0～37.0	>65	≤25	≤220
气肥煤	QF	46	>37.0	(>85)	>25.0	>220
气煤	QM	34 43 44 45	>28.0～37.0 >37.0 >37.0 >37.0	>50～65 >35～50 >50～65 >65	≤25.0	≤220
1/2 中黏煤	1/2ZN	23 33	>20.0～28.0 >28.0～37.0	>30～50 >30～50	—	—
弱黏煤	RN	22 32	>20.0～28.0 >28.0～37.0	>5～30 >5～30	—	—
不黏煤	BN	21 31	>20.0～28.0 >28.0～37.0	≤5 ≤5	—	—
长焰煤	CY	41 42	>37.0 >37.0	≤5 >5～35	—	—

①当褐煤黏结指数测值 G≤85 时，用干燥无灰基挥发分 V_{daf} 和黏结指数 G 来划分煤类；当黏结指数测值 G>85 时，则用干燥无灰基挥发分 V_{daf} 和胶质层最大厚度 Y 来划分煤类，或用干燥无灰基挥发分 V_{daf} 和奥亚膨胀度 b 来划分煤类。在 G>85 的情况下，当 Y>25.00 mm 时，根据 V_{daf} 的大小可划分为肥煤或气肥煤；当 Y≤25.00 mm 时，则根据 V_{daf} 的大小可划分为焦煤、1/3 焦煤或气煤。

②当 G>85 时，用 Y 和 b 并列作为分类指标。当 V_{daf}≤28.0% 时，b>150% 的为肥煤；当 V_{daf}>28.0% 时，b>220% 的为肥煤或气肥煤；如按 b 值和 Y 值划分的类别有矛盾，以 Y 值划分的类别为准。

表 5-5　中国煤炭分类国家标准（GB/T 5751—2009）

类别	代码	编码	分类指标					
			V_{daf}/%	G	Y/mm	b/%	PM/%	$Q_{gr,maf}$/(MJ·kg^{-1})
无烟煤	WY	01，02，03	≤10					
贫煤	PM	11	>10.0～20.0	≤5				
贫瘦煤	PS	12	>10.0～20.0	>5～20				
瘦煤	SM	13，14	>10.0～20.0	>20～65				

续表

类别	代码	编码	分类指标					
			V_{daf}/%	G	Y/mm	b/%	PM/%	$Q_{gr,maf}$/（MJ·kg^{-1}）
焦煤	JM	24 15，25	>20.0～28.0 >10.0～28.0	>50～65 >65	≤25.0	≤150		
肥煤	FM	16，26，36	>10.0～37.0	（>85）	>25			
1/3 焦煤	1/3JM	35	>28.0～37.0	>65	≤25.0	≤220		
气肥煤	QF	46	>37.0	（>85）	>25.0	>220		
气煤	QM	34 43，44，45	>28.0～37.0 >37.0	>50～65 >35	≤25.0	≤220		
1/2 中黏煤	1/2ZN	23，33	>20.0～37.0	>30～50				
弱黏煤	RN	22，32	>20.0～37.0	>5～30				
不黏煤	BN	21，31	>20.0～37.0	≤5				
长焰煤	CY	41，42	>37.0	≤35			>50	
褐煤	HM	51 52	>37.0 >37.0				≤30 >30～50	≤24

①在 $G>85$ 的情况下，用 Y 值或 b 值来区分肥煤、气肥煤与其他煤类，当 $Y>25.0$ mm 时，根据 V_{daf}的大小可划分为肥煤或气肥煤；当 $Y≤25$ mm 时，根据 V_{daf}的大小可划分为焦煤、1/3 焦煤或气煤。按 b 值分类时，$V_{daf}≤28\%$，$b>150\%$ 的为肥煤；当 $V_{daf}>28\%$，$b>220\%$ 的为肥煤或气肥煤；如按 b 值和 Y 值划分的类别有矛盾，则以 Y 值划分的类别为准。

②对 $V_{daf}>37\%$，$G≤5$ 的煤，再以透光率 PM 来区分其为长焰煤或褐煤。

③对 $V_{daf}>37\%$，PM>30%～50% 的煤，再测 $Q_{gr,maf}$，如其值>24 MJ/kg（5 739 cal/g），应划分为长焰煤；否则为褐煤。

5.2 中国煤的编码系统

由于《中国煤炭分类》（GB 5751—1986）对煤质煤种的争议越来越多，所以需要引入准确表征煤化程度的指标，如煤的镜质组反射率 R_{ran}，以及环境信息，如灰分和硫分等。随煤的贸易增多，煤的分类方法需要逐步与新国际煤类分类接轨。鉴于上述原因，原北京煤化学研究所（现为中国煤炭科学研究总院北京煤化工研究所）在 1997 年提出新的煤分类系统（GB/T 16772—1997）并与现行新煤分类方案 GB/T 5751—2009 并行实施。其目的是使生产者、销售者和用户根据分类编码能够明确地了解煤的质量。

1. 编码系统的组成

按照煤的恒湿无灰基高位发热量的大小，将 $Q_{gr,maf}<24$ MJ/kg 定为低阶煤，将 $Q_{gr,maf}≥$ 24 MJ/kg定为中、高阶煤，再按煤阶、煤的主要工艺性质和煤对环境的影响因素等 8 个编码

参数组成12位数的煤的编码系统。首先确定煤阶，根据煤阶选择编码参数。

8个编码参数为：

（1）镜质组平均随机反射率 R_{ran} 为两位数；

（2）恒湿无灰基高位发热量 $Q_{gr,maf}$ 为两位数；

（3）干燥无灰基挥发分 V_{daf} 为两位数；

（4）黏结指数 GR. I 简记 G，为两位数（对中高阶煤）；

（5）全水分（M_t%）为一位数（对低阶煤）；

（6）干燥无灰基焦油产率 Tar_{daf}% 为一位数（对低阶煤）；

（7）干燥基灰分 A_d% 为两位数；

（8）干燥基全硫 $w_d(S_t)$% 为两位数。

2. 对各阶煤的编码规定及顺序

（1）左起第1、2位：0.1%范围内的镜质组平均随机反射率下限值×10后取整数。

（2）第3、4位：表示1 MJ/kg范围干燥无灰基高位发热量下限值，取整数。

（3）第5、6位：干燥无灰基挥发分1%范围的下限值，取整数。

（4）第7、8位：黏结指数除以10的下限值，取整数。0～10（不包括10）记作00，10～20（不包括20）记作01，20～30（不包括30）记作02，90～100（不包括100）记作09，依此类推，100以上记作10。

（5）对于低阶煤：7位表示全水分，0～20（不包括20）记作1，20以上除以10的下限值，取整数；

（6）对于低阶煤：8位表示焦油产率 Tar_{daf}（%）一位数，<10%时记作1；10%～15%记作2；15%～20%记作3；以5%为间隔，依此类推。

（7）第9、10位：0.1%范围干燥基全硫×10后的下限值，取整数。

详细参阅《煤化学》中的中国煤炭编码总表。

3. 中国煤炭编码举例

例1 山东某地低阶煤： 编码：左1－－－－右12

镜质组平均随机反射率 R_{ran}：0.53% －－－－－－－－－－－05

恒湿无灰基高位发热量 Q=22.3 MJ/kg －－－－－－－－－－－22

干燥无灰挥发分 V_{daf}=47.51% －－－－－－－－－－－47

全水分 M_t=24.58% －－－－－－－－－－－－－－－－－2

基焦油产率 Tar_{daf}=11.80% －－－－－－－－－－－－－2

干燥基灰分 A_d=9.32% －－－－－－－－－－－－－－－－－09

干燥基全硫 S_t=0.64% －－－－－－－－－－－－－－－－－06

该煤的12位编码为：05 22 47 2 2 09 06

例2 河北某地焦煤（中阶煤）： 编码：左1－－－－右12

镜质组平均随机反射率 R_{ran}：1.24% －－－－－－－－－－－12

恒湿无灰基高位发热量 Q=36 MJ/kg －－－－－－－－－－－36

干燥无灰基挥发分 V_{daf}=24.46% －－－－－－－－－－24

黏结指数 G=88 －－－－－－－－－－－－－－－－－08

干燥基灰分 A=14.49% －－－－－－－－－－－－－－－14

干燥基全硫 S_t=0.59% －－－－－－－－－－－－－－－05

该煤的12位编码为：12 36 24 08 14 05

例3　北京无烟煤（高阶煤）：　　　　　　编码：左1----右12

镜质组平均随机反射率 R_{ran}：9.93% -----------50

恒湿无灰基高位发热量 Q = 33.1 MJ/kg -----------33

干燥无灰基挥发分 V_{daf} = 3.47% ------------03

黏结指数 G = 未测 --------------- ++

干燥基灰分 A_d = 5.55% ------------------05

干燥基全硫 S_t = 0.25% -----------------02

该煤的12位编码为：50 33 03 ++ 05 02

另外，进行国际煤炭贸易，必须熟悉国际煤炭分类标准。国际标准化组织在2005年2月出版的ISO 11760—2005《煤炭分类》与我国现行的基于应用型的《中国煤炭分类》GB 5751—2009相比，在分类方法和分类参数上都有显著的差异，如何应用国际煤炭分类标准来评价中国的煤炭资源，还需要更深入的研究。

5.3　中国煤质特征

《中国煤炭分类》是根据煤的煤化程度和工艺性能指标把煤划分成的大类，再根据煤的性质和用途的不同，进一步把大类细分成小的类别。中国从低变质程度的褐煤到高变质程度的无烟煤都有沉积。在漫长的地质演变过程中，煤田受到多种地质因素的作用，成煤年代、成煤原始物质、沉积环境及成因类型上的差异，再加上各种变质作用并存，致使中国煤炭品种多样化。

我国的煤炭按照用途划分，可以分为动力煤和炼焦煤。据最新《中国矿产资源报告》，其中动力煤占煤炭资源的72%，炼焦煤占26%，分类不明的煤占2%。按中国的煤种分类，其中炼焦煤占27.65%，非炼焦煤占72.35%，前者包括气煤（占14%）、肥煤（占3.53%）、焦煤（占10%）、瘦煤（占4%）、其他为未分牌号的煤（占0.55%）；后者包括无烟煤（占12%）、贫煤（占6%）、弱黏煤（占2%）、不黏煤（占13%）、长焰煤（占13%）、褐煤（占13%）、天然焦（占0.19%）、未分牌号的煤（占13.80%）和牌号不清的煤（占1.06%）。

动力用煤就类别来说，主要有褐煤（占18%）、长焰煤（占20%）以及无烟煤（占15%）、弱黏结煤（占2%）、不黏结煤（占22%）、贫煤等（约占23%）；炼焦煤包括烟煤中的气煤（包括1/3焦煤，占46%）、焦煤（占23%）、瘦煤（占16%）、肥煤（占13%）、气肥煤和贫瘦煤（未分类的占2%）。

5.4　中国煤炭分布现状

中国煤炭资源分布面广，除上海市外，其他省、市、自治区都有不同数量的煤炭资源。在全国2 100多个县中，1 200多个有预测储量，已有煤矿进行开采的县就有1 100多个。

按省、市、自治区计算，山西、内蒙古、陕西、新疆、贵州和宁夏6省区最多。华北区的山西、内蒙古和西北的陕西分别占25.7%、22.4%和16.2%（表5-6）。但我国动力煤煤种的分布极不平衡（表5-7）。华北区的山西是炼焦煤的主要分布区。山西焦煤下属的华晋焦煤集团沙曲矿生产的优质主焦煤已注册“华晋焦煤”品牌，主要销往首钢、太钢、鞍钢、莱钢等国内知名钢铁企业，并出口日本、韩国等国家（表5-8）。

表 5－6　中国煤炭分布情况统计

分布地区	华北	西北	西南	华东	中南	东北
中国煤炭分布情况/%	49	30	9	6	3	3
中国动力煤分布情况/%	41	18	11	12	12	6

表 5－7　中国动力煤分布情况统计

煤种	主要分布地区	占比/%	其他
贫煤	山西	60	—
弱黏煤	陕西和山西	50～40	山西大同矿区是优质弱黏煤产地
不黏煤	内蒙古和陕西	50 以上	宁夏、甘肃、新疆也有较大储量
长焰煤	新疆	50	内蒙古占有较大比例，山西、东北三省、甘肃等地也有较大储量
褐煤	内蒙古	70	云南分布矿点较多，东北三省及山东、广西、广东等也有一定储量

表 5－8　我国炼焦煤分布情况统计

分布地区	山西	安徽	山东	贵州	黑龙江	其他省份
占比/%	55	7	7	4	3	24

5.5　中国各地质时期煤的分布

5.5.1　我国煤炭资源形成的地质时期

我国煤炭储量形成于 6 个时期，分别是：古生代石炭纪晚期至二叠纪早期（距今 3.20 亿～2.78 亿年）；古生代二叠纪晚期（距今 2.64 亿～2.50 亿年）；中生代三叠纪晚期（距今 2.27 亿～2.05 亿年）；中生代侏罗纪早中期（距今 2.05 亿～1.59 亿年）；中生代白垩纪早期（距今 1.42 亿～0.99 亿年）；新生代古近纪、新近纪（距今 6 550 万～180 万年）。我国煤炭储量以侏罗纪和石炭纪、二叠纪为主。

5.5.2　我国不同成煤期的煤炭资源特点

石炭纪和二叠纪是最早的煤炭资源形成期，基本上分布在黄河流域，煤种范围从长焰煤到无烟煤，在已探明的储量中，气煤占 24%，无烟煤占 17%，低变质烟煤占 14%，贫煤占 13%，焦煤占 12%，肥煤占 11%，瘦煤占 9%。

晚二叠纪是我国南方主要的成煤时期，晚二叠纪煤广泛分布于江南各省区，其中绝大部分资源集中于贵州和川南滇东北。在已探明的储量中，无烟煤占 62%，焦煤占 16%，贫煤占 11%，瘦煤占 8%，肥煤占 2%，气煤占 1%。

我国晚三叠纪煤的探明储量只有 40 亿 t。其中陕北三叠纪煤田就占了 20 亿 t，煤种为气煤。另外 20 亿 t 零星散布于全国各地，基本可以忽略不计。

我国侏罗纪煤主要集中在内蒙古、陕西、甘肃和宁夏四省区交界地带和新疆北部。在各成煤期中，侏罗纪煤的平均含硫量最低，平均含灰量最低，这是侏罗纪煤的最大优势。侏罗纪煤种范围从褐煤到无烟煤，在已探明的储量中，低变质烟煤占 96%，气煤占 3%，其他占 1%。

我国白垩纪煤分布于内蒙古东部和东北三省，其中内蒙古东部的白垩纪煤几乎全部是褐煤，且多适合露天开采，东北三省的白垩纪煤种范围从长焰煤到无烟煤，黑龙江七台河煤田是唯一的白垩纪无烟煤产地。在已探明的白垩纪煤储量中，褐煤占 81%。

古近纪和新近纪是最后成煤期，由于经历的时间最短，所以煤的变质程度普遍较低，主要分布在我国台湾、内蒙古和云南境内。在已探明的储量中，褐煤占 90%，长焰煤和气煤占 10%。

5.5.3　不同成煤期在我国煤炭资源中的占比

根据成煤地质时代，世界煤炭探明储量中，石炭纪占全煤炭储量的 41.3%，二叠纪占 9.9%，白垩纪占 16.8%，侏罗纪占 8.1%，古近纪和新近纪占 23.6%。在我国已探明的煤炭储量中，侏罗纪煤占 39.6%，石炭二叠纪煤占 38.0%，白垩纪煤占 12.2%，晚二叠纪煤占 7.5%，古近纪和新近纪煤占 2.3%，晚三叠纪煤占 0.4%。

在我国尚未探明的煤炭预测储量中，侏罗纪煤占 65.5%，石炭二叠纪煤占 22.4%，晚二叠纪煤占 5.9%，白垩纪煤占 5.5%，古近纪和新近纪煤占 0.4%，晚三叠纪煤占 0.3%。

在我国已探明的褐煤储量中，白垩纪煤占 77%，古近纪和新近纪煤占 22%，侏罗纪煤占 1%。

在我国已探明的低变质烟煤储量中，侏罗纪煤占 92%，石炭纪和二叠纪煤占 6%，其他占 2%。

在我国已探明的气煤储量中，石炭纪和二叠纪煤占 83%，侏罗纪煤占 8%，白垩纪煤占 6%，其他占 3%。

在我国已探明的肥煤储量中，石炭纪和二叠纪煤占 90%，晚二叠纪煤占 7%，其他占 3%。

在我国已探明的焦煤储量中，石炭纪和二叠纪煤占 70%，晚二叠纪煤占 18%，侏罗纪煤占 6%，白垩纪煤占 6%。

在我国已探明的瘦煤储量中，石炭纪和二叠纪煤占 83%，晚二叠纪煤占 16%，其他占 1%。

在我国已探明的贫煤储量中，石炭纪和二叠纪煤占 81%，晚二叠纪煤占 18%，其他占 1%。

在我国已探明的无烟煤储量中，石炭纪和二叠纪煤占 53%，晚二叠纪煤占 45%，其他占 2%。

据最新《中国矿产资源报告》，中国煤矿储量变化如图 5－1 所示。2015 年我国煤炭探明储量为 15 663.1 亿 t，仅次于美国和俄罗斯。我国炼焦煤已查明的资源储量为 2 803.67 亿 t，占世界炼焦煤查明资源量的 13%。

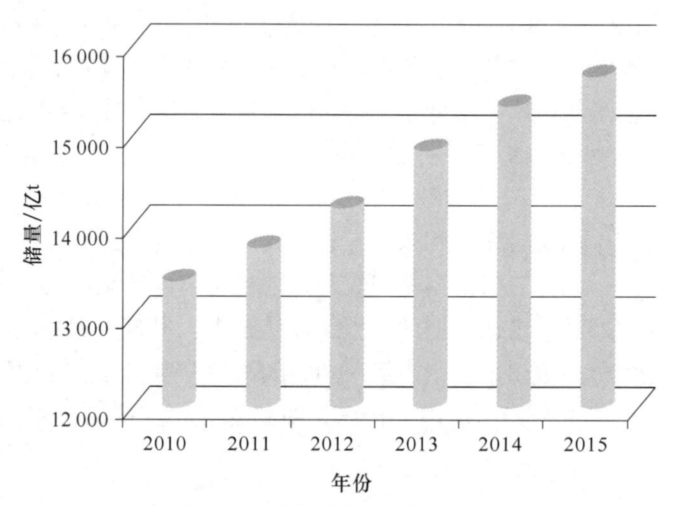

图 5-1 中国煤炭储量变化情况

技能训练

项目 5.1 实训基地矿区区域地层情况调查

技能目标：掌握含煤地层及含煤地层岩石特征。

任务描述：通过阅读下面某矿区区域地质资料，掌握实训基地含煤地层岩石特征及各煤层特征。

阅读材料：

该矿区地表大部分为第四系覆盖，只在沟谷两侧出露延安组（J_{1-2y}），根据钻孔揭露和地质填图成果，该区地层由老至新有：三叠系上统延长组（T_{3y}）、侏罗系中下统延安组（J_{1-2y}）、新近系上新统（N_2）、第四系（Q）。在矿区边缘有火烧岩存在，岩石和煤层烧变后的颜色因岩性和距离火区距离的不同而不同。局部地段因煤层自燃后，上覆地层有明显的塌陷现象。

经煤质化验证明：该火烧区为死火区，对井下开采影响不大。各煤层及煤质情况如下。

1. 5 号煤层

5 号煤组赋存于延安组上岩段之中，含 5^{-1}号、5^{-2}号煤层。

（1）5^{-1}号煤层：位于 5^{-2}号煤层之上的 5^{-1}号煤层仅在区内个别点揭露，不可采。煤层厚度为 0.10~0.60 m，平均煤层厚度为 0.43 m，与 5^{-2}号煤层间距为 5.69~28.04 m，平均煤层间距为 17.89 m。

（2）5^{-2}号煤层：其位于上岩段（J_{1-2y}^3）的中部，基本表现为一单层，仅在区北部 b132 孔向 b139 孔方向，由于夹矸变厚，发生分叉，向下分出 5^{-2}下号煤层，煤层厚度为1.30 m，间距为 3.05 m；由 b132 号孔向 sh6 号孔分叉，煤层厚度为 1.15 m，间距为 6.69 m；由 b132 号孔向 sh3 分叉，煤层厚度为 0.24 m，间距为 13.99 m。5^{-2}号煤层在区内中北部发育，厚度变化较小，在 9 m 左右，在区东部、南部由于煤层自燃，煤层厚度变薄以至完全烧失，煤层厚度由北向南，由中部向东变薄，基本呈规律性变化，火烧区面积约占全井田面积的 1/3，为大部可采的较稳定煤层。煤层结构简单，含夹矸 1~2 层。该煤层夹矸及顶底板岩性一般为砂质泥岩、粉砂岩。5^{-2}号煤层与 6 号煤层间距为 35.90~36.58 m，平均煤层间距为 36.19 m。

2. 6号煤层

6号煤层赋存于延安组中岩段，为一单煤层，层位稳定，厚度较大，且变化较小，煤层厚度为4.32~5.91 m，平均煤层厚度为5.02 m，由西北向东南有变薄趋势，煤层结构简单，一般不含夹矸，为全区可采的稳定煤层。顶板岩性主要为砂质泥岩、泥岩，底板岩性为粉砂岩、砂质泥岩及细砂岩。与7号煤层间距为18.55~29.80 m，平均煤层间距为21.98 m。

3. 7号煤层

7号煤层赋存于延安组中岩段，为一单煤层，层位稳定，厚度变化较小，煤层厚度为1.16~2.38 m，平均煤层厚度为1.81 m，由北向南呈变薄趋势，煤层结构简单，一般不含夹矸，为全区可采的稳定煤层。顶板岩性为泥岩、砂质泥岩以及粉砂岩，底板岩性多为黏土岩、砂质黏土岩。与8^{-1}下号煤层间距为21.39~54.33 m，平均煤层间距为31.24 m。

4. 8号煤层

8号煤层分成8^{-1}号、8^{-2}号两个分煤层，8^{-1}号分煤层又可分为8^{-1}上号、8^{-1}中号、8^{-1}下号3个煤层；8^{-2}号分煤层表现为一单层。

(1) 8^{-1}上号和8^{-1}中号煤层。其在区内见煤点均不可采，8^{-1}上号煤层的煤层厚度为0.08~0.53 m，平均煤层厚度为0.36 m；8^{-1}中号煤层的煤层厚度为0.11~0.68 m，平均煤层厚度为0.45 m。它们均为不稳定的不可采煤层。

(2) 8^{-1}下号煤层。其位于延安组下岩段（J_{1-2y}^{1}）的上部，煤层厚度为0.10~1.00 m，平均煤层厚度为0.66 m。仅在区东北角可采，向西南渐变薄。与8^{-2}号煤层间距为13.17~39.78 m，平均煤层间距为26.21m。为不稳定的不可采煤层，煤层顶板岩性多为粉砂岩、泥岩，底板岩性多为砂质泥岩。

(3) 8^{-2}号煤层。其位于延安组下岩段（J_{1-2y}^{1}）的中部，8^{-2}号煤层为8号煤层的分煤层，也是分煤层的一个独立煤层，该煤层全区可采，厚度变化较小，层位比较稳定，煤层厚度为0.96~1.43 m，平均煤层厚度为1.10 m，为稳定煤层；与9^{-1}下号煤层间距为7.06~25.35 m，平均煤层间距为15.77 m。顶板岩性多为粉砂岩，底板岩性多为细砂岩、粉砂岩。

5. 9煤层

9煤层分为9^{-1}号、9^{-2}号两个分煤层，9^{-1}号分煤层又可分为9^{-1}上号、9^{-1}下号两个煤层，9^{-2}分煤层又可分为9^{-2}上号、9^{-2}下号两个煤层。

(1) 9^{-1}上号煤层：区内局部发育，见煤点均不可采，煤层厚度为0.05~0.46 m，平均煤层厚度为0.25 m。

(2) 9^{-1}下号煤层：全区发育，煤层厚度为0.38~0.98 m，平均煤层厚度为0.72 m，可采区位于井田东北角，面积约占全区面积的15%，为不可采煤层。

(3) 9^{-2}上号煤层：区内局部发育，见煤点均不可采，煤层厚度为0.10~0.63 m，平均煤层厚度为0.38 m。

(4) 9^{-2}下号煤层：其位于延安组下岩段（J_{1-2y}^{1}）的下部，煤层厚度为1.32~3.50 m，一般平均煤层厚度为2.20 m，厚度变化规律性明显，由西北向东南逐渐增厚，全区可采，为稳定煤层。其含夹矸0~2层，夹矸厚度为0.24~0.54 m，平均煤层厚度为0.21 m。夹矸岩性多为砂质泥岩，呈透镜体状。煤层顶板岩性一般为粉砂岩、砂质泥岩，局部为细砂岩、黏土岩底部岩性为砂质泥岩、粉砂岩，局部为中粗砂岩。其距延安组底界2.27~30.10 m，平均煤层厚度为6.67 m。

6. 煤质

1) 煤的物理性质及煤岩特征

(1) 井田煤呈黑色，条痕呈褐黑色，一般呈暗淡光泽或沥青光泽，各煤层均是细条带~

宽条带状结构，层状构造。5^{-2}号煤层中含有黏土质结核。各煤层均致密坚硬，密度为1.4～1.5 g/cm^3，容重为1.3左右，燃点约为300 ℃，燃烧试验为剧燃，残灰呈灰白色粉状。

(2) 煤岩特征。宏观煤岩特征：5^{-2}号、9^{-2}下号煤由暗煤、亮煤、丝炭、镜煤组成，6、7、8号煤一般以亮煤、暗煤、丝炭、镜煤组成；显微煤岩特征：区内煤层主要以镜煤、丝炭、黏土矿物，稳定组分及其基质组成，其中5^{-2}号煤层中镜煤含量少，丝炭含量高，其他煤层中镜煤含量相对较高。煤层特征一览表见表5－9。

表5－9 煤层特征一览表

煤号	煤层厚度	夹矸	岩性			煤层间距
	最大～最小 / 平均	最大～最小 / 层数	顶板	夹矸	底板	最大～最小 / 平均
5^{-1}	0.10～0.60	0.03～0.28	—	—	—	
	0.43	1				5.69～28.04
5^{-2}	1.32～9.30	0.05～0.20	砂质泥岩	砂质泥岩	粉砂岩	17.89
	5.21	1				35.90～36.58
6	4.32～5.91	0.06～0.30	砂质泥岩	砂质泥岩	粉砂岩	36.19
	5.02	1				18.55～29.80
7	1.16～2.38	0.05～0.16	砂质泥岩	泥岩	细砂岩	21.98
	1.81	1				21.39～54.33
8^{-1}	0.10～1.00					31.24
	0.66					13.17～39.78
8^{-2}	0.96～1.43	0.05～0.20	粉砂岩	粉砂岩	细砂岩	26.21
	1.10	1				7.06～25.35
9^{-1}上	0.05～0.46					15.77
	0.25					
9^{-1}下	0.38～0.98	0.19～0.25	粉砂岩	砂质泥岩	细砂岩	
	0.72	1				
9^{-2}上	0.10～0.63					
	0.38					
10^{-2}下	1.32～3.50	0.24～0.54	粉砂岩	泥岩	砂质泥岩	
	2.20	1				

各煤层经镜煤最大反射率测定，属于第Ⅰ变质阶段。

(3) 煤的容重。

视密度：5^{-2}号煤层容重为1.26～1.38，6号煤层容重为1.28～1.35，7号煤层容重为1.21～1.41，储量计算容重值经一元线性回归方程计算，参考大体重值，见表5－10。

表5－10 煤层容重值一览表

煤层号	5^{-2}	6	7	8^{-2}	9^{-2}下
容重	1.29	1.28	1.28	1.31	1.30

2) 化学性质

煤的主要化学指标见表5－11～表5－13。

表 5－11　煤质特征一览表

煤层号	洗选情况	工业分析/%			焦渣特征	St. d/%	P. d/%	发热量/($MJ \cdot kg^{-1}$)			煤质评价
		M_{ad}	A_d	V_{daf}				$Q_{b,d}$	$Q_{b,daf}$	$Q_{net,p}$	
5^{-2}	原	1. 24 ~ 9. 91 7. 01(57)	6. 50 ~ 22. 05 8. 98(57)	30. 47 ~ 37. 44 31. 21(46)	2	0. 23 ~ 2. 17 0. 46(33)	0. 000 ~ 0. 001 (4)	25. 19 ~ 30. 05 28. 73(44)	30. 34 ~ 32. 51 31. 66(44)	26. 70 ~ 28. 85 27. 84(17)	特低灰、特低硫、特低磷煤
	浮	1. 27 ~ 9. 14 6. 28(46)	2. 89 ~ 3. 97 3. 46(46)	25. 10 ~ 35. 65 31. 76(46)	2	0. 15 ~ 0. 36 0. 21(18)		30. 04 ~ 31. 16 30. 86(11)	31. 10 ~ 32. 35 33. 98(11)		
6	原	2. 49 ~ 8. 76 6. 78(14)	5. 27 ~ 9. 91 6. 71(12)	34. 75 ~ 39. 46 36. 85(13)	2	0. 27 ~ 0. 46 0. 36(13)	0. 000 ~ 0. 001 (2)	28. 56 ~ 30. 91 30. 00(13)	31. 90 ~ 32. 77 32. 23(13)	28. 22 ~ 29. 30 28. 85(9)	特低灰、特低硫、特低磷煤
	浮	2. 95 ~ 8. 54 5. 16(13)	2. 67 ~ 3. 57 3. 17(13)	34. 54 ~ 37. 92 35. 76(13)	2	0. 19 ~ 0. 24 0. 22(11)		31. 08 ~ 31. 60 31. 31(7)	32. 11 ~ 32. 51 32. 33(7)		
7	原	1. 57 ~ 11. 93 7. 03(51)	3. 03 ~ 15. 13 6. 84(51)	32. 76 ~ 38. 82 36. 10(49)	2	0. 18 ~ 0. 68 0. 36(46)	0. 000 ~ 0. 005 0. 003(12)	27. 98 ~ 31. 70 30. 53(49)	31. 32 ~ 33. 23 32. 68(49)	26. 99 ~ 30. 52 29. 28(39)	特低灰、特低硫、特低磷煤
	浮	1. 09 ~ 9. 94 5. 75(49)	2. 43 ~ 4. 97 3. 55(49)	31. 83 ~ 38. 67 35. 36(49)	2	0. 15 ~ 0. 62 0. 23(34)					
8^{-2}	原	2. 64 ~ 9. 64 6. 35(38)	3. 40 ~ 21. 67 9. 99(38)	33. 06 ~ 37. 45 35. 47(38)	2	0. 21 ~ 0. 47 0. 30(35)	0. 000 ~ 0. 075 0. 016(7)	25. 71 ~ 31. 91 29. 50(38)	31. 90 ~ 33. 95 32. 74(38)	24. 79 ~ 30. 62 28. 41(29)	特低灰、特低硫、低磷煤
	浮	2. 90 ~ 9. 24 5. 75(38)	2. 47 ~ 5. 39 4. 07(38)	31. 97 ~ 39. 13 34. 79(38)	2	0. 17 ~ 0. 45 0. 25(25)					
9^{-2}下	原	2. 49 ~ 9. 84 6. 18(19)	4. 25 ~ 14. 72 8. 52(19)	30. 93 ~ 37. 51 33. 71(19)	2	0. 21 ~ 0. 81 0. 37(17)	0. 012 ~ 0. 019 0. 006(3)	28. 01 ~ 31. 58 29. 96(19)	31. 92 ~ 33. 27 32. 76(19)	26. 90 ~ 32. 17 28. 98(14)	特低灰、特低硫、低磷煤
	浮	0. 96 ~ 7. 66 5. 15(19)	3. 27 ~ 4. 88 3. 78(19)	30. 78 ~ 36. 68 33. 24(19)	2	0. 18 ~ 0. 25 0. 21(19)					

表5-12 煤层元素分析统计表

煤层 \ 项目	C_{daf}/%	H_{daf}/%	N_{daf}/%	O_{daf}/%	碳氢比	氮氢比	样点数
5^{-2}	80.66~82.05 81.44	4.21~4.60 4.45	0.82~0.96 0.89	12.27~13.67 12.98	18.30	0.10	12
6	80.28~83.16 81.32	4.27~4.91 4.68	0.83~1.04 0.97	11.59~13.63 12.68	17.38	0.20	12
7	78.95~82.13 80.65	4.51~5.46 4.88	1.01~1.33 1.10	11.83~15.17 13.21	16.52	0.225	19
8^{-2}	79.91~83.63 81.49	4.64~5.07 4.87	0.99~1.28 1.10	10.01~13.35 12.24	16.73	0.226	16
9^{-2}下	79.14~82.48 81.43	4.28~4.93 4.67	0.96~1.14 1.05	11.86~15.34 12.79	17.44	0.225	7

表5-13 煤层微量元素统计表

煤层号 \ 项目	Ge/×10^{-6}	Ga/×10^{-6}	V/×10^{-6}
5^{-2}	0~3 1	1~3 2	0~9 4
6	0~4 1	0~3 2	0~9 4
7	0~9 3	1~5 2	0~50 11
8^{-2}	0~14 4	1~6 3	0~30 10
9^{-2}下	0~13 4	2~8 4	0~12 6

3）工艺性能

（1）煤的燃烧性能：井田内煤的发热量较高，详见煤质特征表。煤的可磨性系数均大于55。

（2）煤的黏结性：井田内煤的黏结性指数（*G*）、罗加指数（RI）全部为零。胶质层最大厚度（*Y*）均为零，最终收缩度（*X*）综合平均值为35.8~45 m/m，焦渣特征为Ⅱ类。

（3）气化性能：煤的抗碎强度2 m落下试验，均为一级高强度煤，煤的热稳定性属于热稳定性好级别。煤对CO_2反应性经测定还原率均在78.2%以上，大于60%标准，故气化性能良好。

（4）煤的结渣性：若直径大于6 mm的灰渣均大于总灰渣的25%，则属于易结渣煤。

（5）煤的低温干馏及焦油产率：5^{-2}号煤层的焦油产率为6.1%，为含油煤；其他煤层平均焦油产率为7.8%～9.5%，均为富油煤。

（6）煤灰成分、煤灰熔融性：本区煤灰成分主要为酸性氧化物SiO_2，其次为CaO、Al_2O_3、Fe_2O_3以及其他氧化物。其中氧化钙含量较高，是本区煤灰成分的主要特征之一。

5^{-2}号煤层软化温度（T_2）大于1 250 ℃的占41%，小于1250 ℃的占59%；6号煤层软温度（T_2）大于1 250 ℃的占38%，小于1 250 ℃的占62%；7号煤层软化温度大于1 250 ℃的占24%，小于1 250 ℃的占76%，因此有相当一部分煤层属于低熔灰分的范围，在工业利用上须加以注意。

（7）煤中腐殖酸和苯抽出物：本区煤中腐殖酸含量很少，一般达不到工业品位，无利用价值，各煤层中苯抽出物含量均小于1%，属于低等级别。

4）煤的可选性

本区煤层经生产大样筛分及浮沉试验结果得知：5^{-2}号煤层Ag＝5%时，±0.1含量为15%，可选性等级为易选；6号煤层Ag＝5%时，±0.1含量小于10%，可选性等级为极易选。

5）煤的工业用途

本区煤层变质程度低，为低变质的不黏煤，有害成分少，为低硫、低磷、低灰煤，发热量高，黏结性及结焦性差，气化性能好，5^{-2}号煤层为含油煤，其他煤层为富油煤，煤中微量元素含量低，一般达不到工业品位，煤中原生和次生腐殖酸含量均很低，是良好的动力用煤；由于煤的化学反应性、热稳定性好，抗碎强度大，故亦是良好的工业气化用煤，大部分煤层为富油煤，可以用来进行低温干馏提炼焦油，另外还可作为民用及炼焦配煤。

7. 工程地质

井田通过对土及岩石物理力学试验得知：松散层疏松，基岩基本上属硬～特硬级，可采煤层顶底板均为基岩，属于工程地质条件简单矿井，但是本矿砂岩类的胶结物多为泥质成分，砂岩类遇水浸泡后，其强度减弱，开采时应引起注意。

据矿井实际调查得知：5^{-2}号煤层埋藏较浅，局部地段遭受剥蚀，上覆基岩局部地段变薄、风化，裂隙发育，岩石强度变弱，顶板不易维护；且泥岩类岩石在长期开采过程中，受风化及矿井水的淋滤，岩石易软化，对矿井影响较大。

8. 环境地质

1）矿区环境地质现状概述

（1）矿区地震、地形地貌及稳定性评价。

本区地壳完整、稳定。据《中国地震动参数区划图》（GB 18306—2015），本区所处区域地震动峰值加速度为0.05g，地震烈度为Ⅵ度，为地震微弱区。

矿区地形南部高、北部低，沟谷纵横，具侵蚀性丘陵地貌特征。矿区内碎屑沉积岩厚度巨大，层位稳定，岩体的稳定性相对较好。

(2) 矿区目前存在的地质灾害和环境污染问题评述。

矿区内目前还未发现规模较大的崩塌、滑坡、泥石流等地质灾害和较为严重的环境污染问题，当前存在的主要地质灾害是水土流失，存在的主要污染问题是近几年周边地区大量小煤矿开采所排放的废弃物对环境的污染，废弃物有矿井废水、煤矸石、煤粉尘等，主要对潜水、矿区大气环境与土壤造成了一定污染，并占用了部分土地资源。但现在处于初期生产阶段，矿区总体环境地质质量现状尚好。

2) 矿井开采可能引起的环境地质问题

煤矿在开采过程中可能产生一系列环境地质问题，主要有区域地下水水位下降、地面变形、地下水污染等。

(1) 区域地下水水位下降。煤矿初期开采，矿坑排水所形成的地下水降落漏斗范围较小，地下水水位下降高度较小。随着煤矿开采范围的不断扩大，矿坑长期疏干排水，地下水降落漏斗范围也不断扩大，其会导致区域地层水位持续下降，不仅会直接造成取水工程效益下降或报废，还会诱发水井干涸、泉水断流、地面沉降、地下水质恶化等生态环境地质问题。

(2) 地面变形。未来煤矿开采时采用全部垮落法管理顶板，煤层回采放顶后顶板发生冒落与垮塌，影响到地表就会产生地面变形。井田煤层产状平缓，倾角为1°~3°，顶板岩石抗压强度低，多为软弱~半坚硬岩石，煤矿回采后会造成地表变形或塌陷。地面变形的主要表现形式是地面沉降、弯曲，地裂缝等。遇煤层顶板基岩较薄，松散层较厚的地段，可能会发生陷落柱或塌陷坑，地面变形的危害很大，会破坏建筑物，耕地，水资源系统，土壤及道路、河堤等其他地面设施。

(3) 地下水污染。井田地下水的污染源有矿坑污水、煤矿工业及生活废水、矿坑废石、煤矿工业废渣、生活垃圾；污染物主要为化学污染物，其次为生物污染物。污染特点是隐蔽性和难以逆转性，液体废弃物排入河川中直接渗入地下污染地下水，固体废弃物周期性地从污染源通过地表土层渗入含水层，从而污染地下水。

3) 井田地质环境质量评述

井田在自然状态下没有规模较大的地质灾害和较为严重的污染环境问题，地下潜水水质良好，达到了《地面水环境质量标准》(GB3838—2002) 的Ⅰ、Ⅱ类标准，区域稳定性好。未来煤矿开采状态下可能引起区域地下水水位下降，局部地面变形 (地裂缝、地面沉降和塌陷)、地下水污染等地质灾害和环境污染问题，但对地质环境破坏不大，无其他环境地质隐患，本区水土流失较为严重。因此，本区地质环境类型为第一~二类，地质环境质量良好~中等。

8. 其他开采技术条件

1) 瓦斯

本区未进行煤层瓦斯测试工作，但据小窑调查及开采过程的实际情况来看，各煤层瓦斯含量均很低，属低瓦斯矿井。根据该矿最新出具的《矿井瓦斯等级鉴定报告》，矿井绝对瓦斯涌出量为0.76 m^3/min，相对瓦斯涌出量为0.62 m^3/t；矿井绝对二氧化碳涌出量为0.80 m^3/min，故本矿属低瓦斯矿井。

2）煤尘

根据矿井储量核实报告，本区煤层属于不黏结煤，其挥发分产率较高，据邻区的煤尘爆炸试验资料，煤尘有爆炸危险性。根据该矿最新出具的《煤尘爆炸性、煤的自燃发火倾向性检验报告》（7 号煤层）可知，该矿煤尘具有爆炸危险性。

3）煤的自燃

根据矿井储量核实报告，本区煤由于其挥发分产率较高、丝碳含量大，故煤层属于易自燃煤层。根据该矿最新出具的《煤尘爆炸性、煤的自燃发火倾向性检验报告》（7 号煤层）可知，煤的自燃倾向性等级属Ⅰ级（容易自燃）。

4）地温

据该矿钻孔测温记录得知，本区地温变化梯度为 1.4 ℃/100 m，属于地温正常区。

项目 5.2　校企合作企业的煤炭交易情况调查

任务描述：通过资料收集，熟悉不同编码的煤的交易情况，并提交调查报告。

单元6

岩层产状的测量

6.1 岩层产状要素

岩层在地壳中的空间位置和产出状态，称为岩层产状。地表出露的岩层大部分都是经过构造变动后表现的形式。这些岩层最初是在沉积盆地中沉积形成的，原始的产状都是水平或近水平的状态。岩层形成后在地壳运动的影响下，不同程度地发生改变，如近水平、倾斜或直立，在地壳运动强烈的地区岩层甚至发生倒转。

岩层是指平行或近平行的两个界面间的层状岩石。岩层的上界面称为顶面，下界面称为底面。岩层顶、底面间的垂直距离称为岩层厚度。厚度变化不大，顶底面近于平行，称为岩层厚度稳定；否则称为厚度不稳定。若岩层厚度向一个方向减小，则称为岩层变薄；若向一个方向增大，则称为岩层变厚；若向一个方向变薄直至消失，则称为岩层尖灭；若向两个方向变薄直至消失，则称为透镜体。

岩层的产状要素就是确定岩层在地壳中的空间位置的几何要素，包括走向、倾向和倾角，如图 6－1 所示。

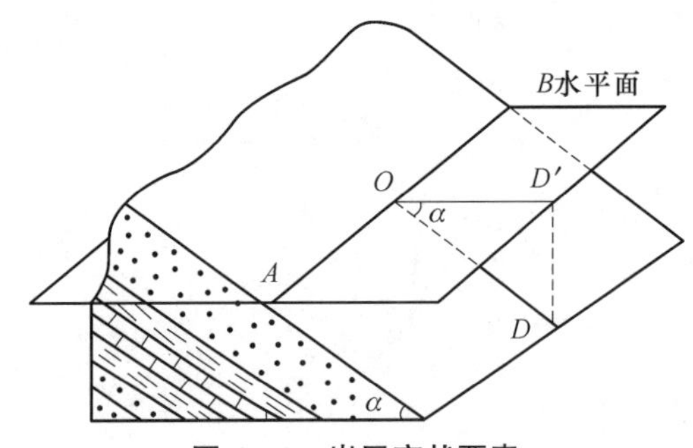

图 6－1　岩层产状要素

1. 走向

岩层层面与任一参考水平面的交线称为走向线，如图 6－1 中的 *AB* 所示。走向线的方位角称为岩层的走向（向两端的延伸方向）。其可用两个方位角来表示，相差 180°，通常用 NE 或 SW 表示方位，如 NE25°或 SW205°；也可以用象限角来表示，如 N25°E 或 S25°W。

2. 倾向

在岩层面上与走向线垂直，且指向较低方向的直线称为倾斜线（或真倾斜线），如图6－1中的 *OD* 所示。

倾斜线（*OD*）在参考水平面上的投影线（*OD′*）称为倾向线，倾向线（*OD′*）所指的方位称为倾向（唯一一条）。

岩层面上凡是与走向线（*AB*）不垂直且指向较低方向的任一直线称为视倾斜线（无数条），其在参考水平面上的投影称为视倾向（无数个）。倾向既可用方位角表示，也可用象限角表示，其数值与走向相差90°。

3. 倾角

岩层的倾斜线与倾向线间的夹角称为岩层倾角（又称真倾角），如图6－2中的 α 所示。视倾斜线与视倾向线间的夹角称为视倾角（γ）。在实际工作中，平时野外或井下实地测量的通常为真倾角 α，而在绘制某个方向的地质剖面图时，常用到视倾角 γ。真倾角 α 与视倾角 γ 间的关系可以通过三角函数关系进行计算，也可以直接查阅换算表。

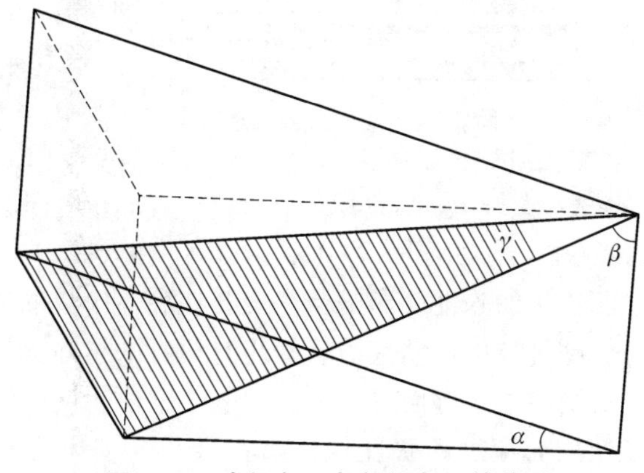

图6－2　真倾角 α 与视倾角 γ 的关系

6.2　岩层产状要素的测量方法

6.2.1　直接测量方法

使用地质罗盘直接测量岩层及构造面产状要素的方法称为直接测定法。

1. 地质罗盘的测量原理

地质罗盘是进行野外地质工作必不可少的一种工具。借助它可以定出方向，观察点的所在位置，测出任何一个观察面的空间位置（如岩层层面、褶皱轴面、断层面等构造面的空间位置），以及测定火成岩和矿体的产状等。该仪器利用一个磁性物体（即磁针）具有指明磁子午线的一定方向的特性，配合刻度环的读数，可以确定目标相对于磁子午线的方向。根据两个选定的测点（或已知的测点），可以测出另一个目标的位置。

2. 地质罗盘的结构

地质罗盘的种类很多，但结构基本是一致的，如图 6－3 所示，主要由磁针、顶针、制动器、测斜仪和底盘等组成。底盘上还带有圆盘和水准气泡。方位角刻度盘装在底盘上，其上按逆时针方向刻有 0°～360°的方位角。在底盘上还注有 E（东）、W（西）、S（南）、N（北）方向，其中东西方向与地理的东西方向相反。在地球北半球所使用的罗盘磁针上带有铜丝的一端是南针（即指南方向），倾斜仪是用来测岩层倾角的。

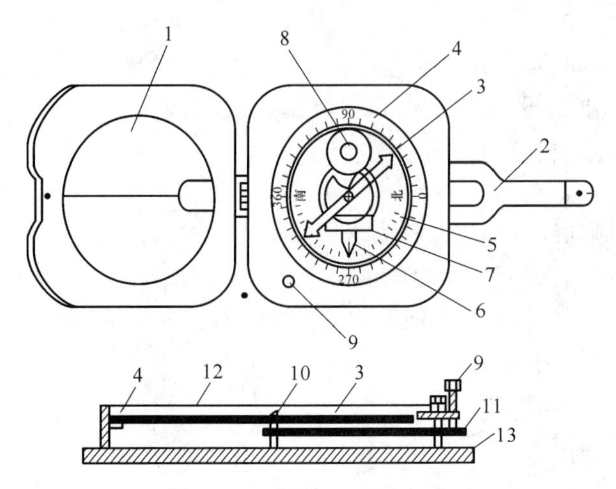

图 6－3　地质罗盘结构示意

1—反光镜；2—瞄准器；3—磁针；4—方位角刻度盘；5—倾斜角刻度盘；6—测斜指示针（悬锥）；7—倾斜水准器；8—圆形水准器；9—磁针固定螺旋；10—顶针；11—杠杆；12—玻璃盖；13—底盘

磁针一般为中间宽、两边尖的磁性菱形钢针，安装在底盘中央的顶针可自由转动。在进行测量时放松固动螺母，使磁针自由摆动，最后静止时磁针的指向就是磁子午线方向。由于我国位于北半球磁针两端所受磁力不等而失去平衡，故常在磁针南端绕上几圈铜丝使其保持平衡。磁针具有磁性，在使用时应远离磁性物体或者避开电磁场的干扰，否则测量结果不准确。

方位角刻度盘有两种标记：

一种是从 0°开始按逆时针方向每 10°一记，连续刻至 360°，0°和 180°分别为 N 和 S，90°和 270°分别为 E 和 W，用这种方法刻记的称方位角罗盘仪，用它可以直接测得地面两点间直线的磁方位角。

另一种是把刻度盘分成四个象限，由相对的两个 0°开始，分别向左、右两边记 10°，每 10°一记，直到 90°。在两个 0°分划线处分别标注 N 和 S；在 90°分划线处分别标注 W 和 E。用这种刻记方法称为象限角罗盘仪，用它可测得地面直线的磁象限角。两种刻度罗盘中东、西标记与实际相反，以便于测量和读数。

倾斜角刻度盘用来读倾角和坡角，以 E 或 W 位置为 0°，以 S 和 N 为 90°，每隔 10°标记相应数字；测斜指示针（悬锥）是测斜仪的重要组成部分，悬挂在磁针的轴下方，通过底盘处的扳手可使悬锥转动，悬锥中央的尖端所指刻度即倾角或坡角的度数；圆形水准器和长形水准器分别固定在底盘上和测斜仪上，这两个水准器都是用来调水平的；在瞄准器（包括接物和接目觇板）和反光镜中间有细线，下部有透明小孔，使眼睛、细线、目标三者呈一线，用来瞄准。

3. 地质罗盘的使用方法

1）磁偏角的校正

地质罗盘在使用前必须进行磁偏角的校正，因为地磁的南、北两极（磁子午线）与地理上的南、北两极（地理子午线）位置不完全相符，如图6－4所示，地球上任一点的磁北方向与该点的正北方向不一致，这两个方向间的夹角叫作磁偏角（Δ）。磁极是不断变化的(沈括《梦溪笔谈》)，不同区域其数值也不同，并且可以用专门的测量仪器测量出来，也可以通过专门软件在线查询所在地区的磁偏角。

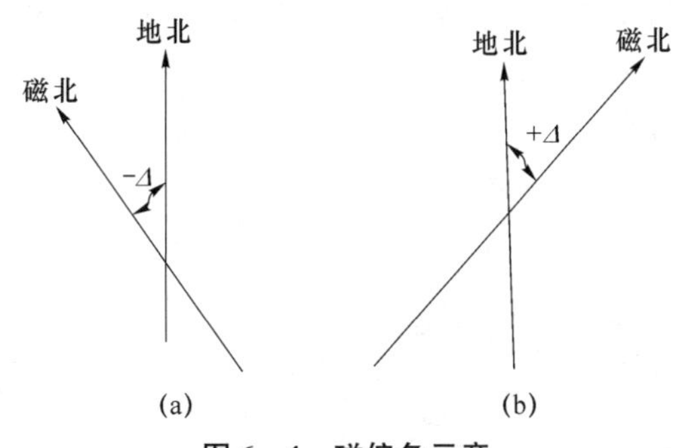

图6－4　磁偏角示意

当磁北位于地理北极的西边时［图6－4（a)］称为西偏；当磁北位于地理北极的东边时［图6－4（b)］称为东偏。我国规定东偏为＋、西偏为－。应用这一原理可进行磁偏角的校正。校正时，可旋动罗盘的刻度螺旋，使方位角刻度盘向左或向右转动（东偏则向右，西偏则向左)，使罗盘底盘南北刻度线与水平刻度盘0°～180°线间夹角等于磁偏角。经校正后测量时的读数就为方位角（真方位角)。

例如：据查包头及其邻区的磁偏角西偏4°00′①，在包头及其附近进行测量时利用磁偏角校正方法，旋动刻度螺旋使方位角刻度盘之0°～180°分划线向左移动4°即可。

如果使用不经校正的地质罗盘进行测量，读得的方位角刻度盘的示值表示磁方位角$\alpha_{磁}$，其与真方位角的换算关系为

$$\alpha_{真} = \alpha_{磁} \pm \Delta$$

例如：在包头地区，若使用不经校正的地质罗盘测得的某直线的方位角为215°，则换算公式为

$$\alpha_{真} = \alpha_{磁} \pm \Delta = 215^\circ - 4^\circ = 211^\circ$$

2）目的物方位的测量

测定目的物与测者的相对位置关系，也就是测定目的物的方位角（方位角是指从子午线顺时针方向到该测线的夹角)。测量时放松制动螺母，使接物觇板指向被测物，即使罗盘北端对着目的物，南端指向自己，进行瞄准，使目的物、接物觇板小孔、盖玻璃上的细丝和接目觇板小孔等连在一直线上，同时使底盘水准器水泡居中，待磁针静止时指北针所指度数即所测目的物的方位角。瞄准后指北针指着314°，即目的物的方位角$A = 314^\circ$，表示目的物

① 据国家测绘总局2006年版地形图资料

在观测者的北偏西 46°。接物觇板指着所求方向恒读北针，此时所得读数即所求测物的方位角。

3）岩层产状要素的测量

（1）岩层走向的测定。将罗盘长边与层面紧贴，如图 6－5 所示，转动罗盘，使底盘圆形水准器气泡居中，制动磁针，指针所指刻度即岩层走向。读南针或北针均可以，如 NE30°与 SW210°均代表岩层走向。

（2）岩层倾向的测定。将罗盘北端指向倾斜方向，如图 6－5 所示，罗盘短边紧靠层面并转动罗盘，使底盘圆形水准器气泡居中，制动磁针，读北针所指刻度即岩层倾向。

（3）岩层倾角的测定。岩层层面上的真倾斜线与水平面的夹角为真倾角，如图 6－5 所示，所以，在野外分辨层面的真倾斜方向很重要。首先真倾斜线与走向线是垂直关系；其次可用滴水或小圆石子在层面上滚动，所留下的痕迹方向即层面的真倾斜方向。测量时将罗盘直立，并以长边靠着岩层的真倾斜线，沿着层面左、右移动罗盘，并用中指搬动罗盘底部的活动扳手，使长形水准器气泡居中，悬锥所指最大读数即岩层的真倾角。为准确起见，可以再沿真倾斜线的左、右各测一次，取最大值。

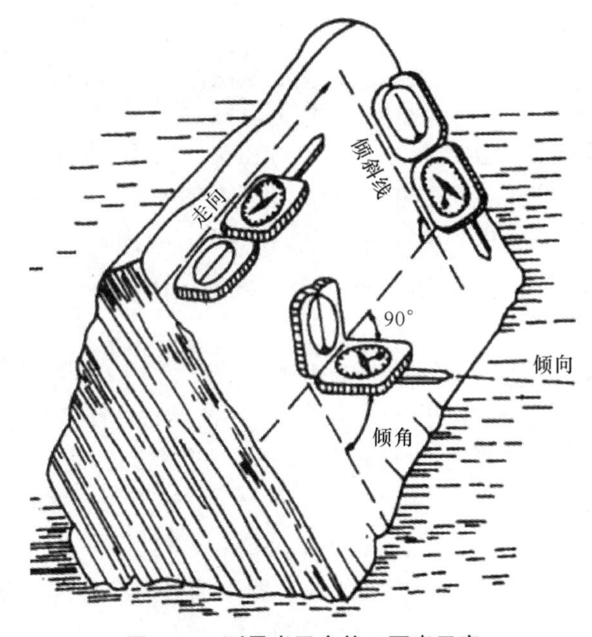

图 6－5　测量岩层产状三要素示意

4）注意事项

（1）磁针、顶针和玛瑙轴承是仪器主要的零件之一，应小心保护，保持干净，以免影响磁针的灵敏度。不用时，应将仪器关牢。仪器关上后，通过开关和拨杆的动作将磁针自动抬起，使顶针与玛瑙轴承脱离，以免磨坏顶针。

（2）所有合页不要轻易拆卸，以免松动而影响精度。

（3）仪器应尽量避免高温暴晒，以免水泡漏气失灵。

（4）合页转动部分应经常滴些钟表油，以免由于干磨而折断。

（5）长时期不使用时，应将仪器放在通风、干燥地方，以免发霉。

6.2.2　间接测量方法

1. 三点法

利用在同一岩层面上不在同一直线上的三点的高程资料求出岩层产状要素的方法称“三点法”。

当岩层深埋地下不能直接测量产状要素或测量有困难时，可以利用同一岩层面上不在同一直线上的三点的高程资料，间接求出岩层产状要素。具体做法如下：

(1) 将三个已知点投影到平面图上，如图6－6所示，连接最高点 A 和最低点 C，用内插法找到与 B 同高程点 E，连接 BE，则 BE 为岩层的走向线。根据平面图的指北针可以量出走向方位角。

(2) 过点 C 作 BE 的平行线 CF，在 BE 上任取一点 D，过点 D 作 DG 垂直于 EB 交 CF 于点 G，则 DG 为岩层的倾向。根据平面图的指北针可以量出倾向方位角。

(3) 在 EB 走向线上，按比例截取 DH 等于 B、C 两点的高差，连接 GH，则 $\angle DGH$ (α) 为岩层的倾角。在要求不是很精确的情况下可以量出岩层倾角，也可以通过解直角三角形 $\triangle HDG$ 算出。

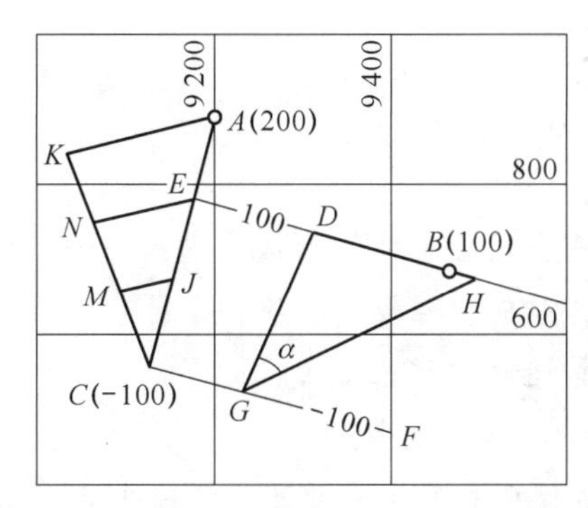

图6－6　利用同一岩层面上不在同一直线上的三点的高程资料求出岩层产状要素

2. 通过等高线和地形地质图求出岩层产状

可通过煤层底板等高线图（方法同“三点法”）和地形地质图（图6－7）求出岩层产状要素。只要有三个不同的高程点，就可以用“三点法”间接求得 K_1 岩层产状要素。倾斜岩层的露头线是岩层面与地面的交线，在地形地质图上找到露头线与地形等高线的交点 A、B、C、D，连接 AB、CD，AB 则为 K_1 层顶面的100 m高程的走向线，CD 则为 K_1 层顶面的200 m高程走向线，用量角器量出走向方位角；作 CD 的垂线 EF 交 AB 于点 F，则 EF 为 K_1 层顶面的倾向，用量角器量出倾向方位角；在 CD 上按比例截取 CG，使其等于100 m高程差，则 $\angle CFG$ (α) 就是 K_1 层的倾角，可以用量角器量出，也可以通

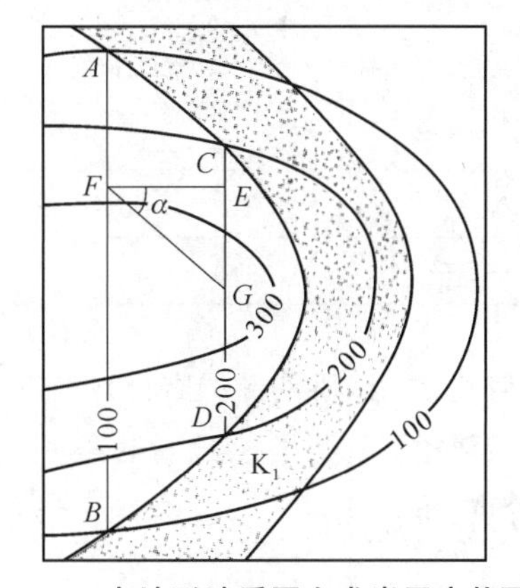

图6－7　在地形地质图上求岩层产状要素

过计算得到。

6.3 岩层产状的表示方法

野外测量岩层产状要素记录——走向310°、倾向220°、倾角35°，岩层产状的表示方法见表6－1。

表6－1 岩层产状的表示方法

<table>
<tr><td>岩层产状的表示方法</td><td>倾向倾角法</td><td>走向倾角倾向法</td></tr>
<tr><td rowspan="2">方位角表示法</td><td>SW220°∠35°</td><td rowspan="2">—</td></tr>
<tr><td>220°∠35°</td></tr>
<tr><td>象限角表示法</td><td>S40°W∠35°</td><td>N50°W∠35°SW</td></tr>
<tr><td>图示法</td><td colspan="2">25 倾斜岩层　直立岩层　水平岩层　66 倒转岩层</td></tr>
</table>

技能训练

技能目标：

1. 能熟练使用地质罗盘测量地质构造的产状要素；
2. 能画地质构造素描图，且能准确描述地质构造；
3. 会间接测量煤岩层及构造面的产状要素。

项目6.1 地质构造模型的产状要素测量

实习要求：测量地质构造模型的产状要素并完成报告单（表6－2）。

表6－2 测量地质构造模型产状要素报告单

<table>
<tr><td>模型标号</td><td colspan="2">岩层产状表示方法</td><td>倾向倾角法</td><td>走向倾角倾向法</td></tr>
<tr><td rowspan="4"></td><td colspan="2" rowspan="2">方位角表示法</td><td></td><td rowspan="2"></td></tr>
<tr><td></td></tr>
<tr><td colspan="2">象限角表示法</td><td></td><td></td></tr>
<tr><td colspan="2">图示法</td><td colspan="2"></td></tr>
<tr><td>姓名</td><td>学号</td><td>班级</td><td>组别</td><td>时间</td></tr>
<tr><td></td><td></td><td></td><td></td><td></td></tr>
</table>

项目6.2 地质构造的野外观测

实习要求：野外观测地质构造并完成报告单（表6－3）。

使用工具：地质罗盘、测绳、记录本、笔、伞、水、记号笔等。

表6-3　野外观测地质构造报告单

实习点号	地质构造描述	素描图	记录产状			产状表示	天气情况
			走向	倾向	倾角		
姓名	学号	班级	组别			实习时间	上交时间

项目6.3　用间接测量方法测量岩层产状要素

任务描述：如图6-8所示，求出*A*、*B*两点煤层产状要素（要求有作图痕迹和计算过程）。

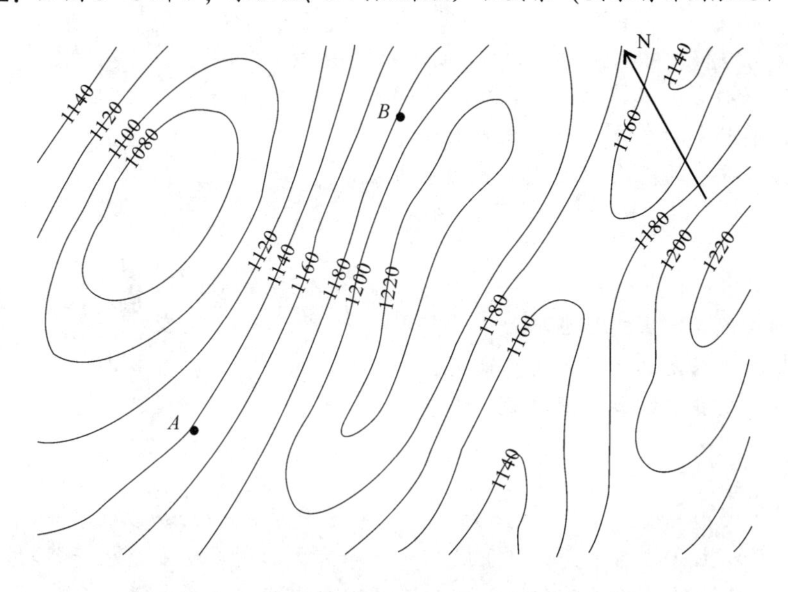

图6-8　6号煤层底板等高线图（比例尺为1:1 000）

单元7

水文地质与水害预防

知识目标

(1) 掌握地下水的运动规律，物理、化学特征及分类；
(2) 掌握矿井水的来源、通道及影响因素；
(3) 掌握矿井水的观测方法及水害防治方法。

技能目标

(1) 能判断矿井水害的充水水源；
(2) 能判断矿井充水强度及充水通道；
(3) 能制定矿井水综合防治措施。

基础知识

水是人类赖以生存的资源，但对于煤矿开采而言，水对煤矿安全生产往往构成巨大的威胁。由于我国水文地质条件的复杂性，部分煤层因含水层涌水影响需进行抽排，这不但增加了煤开采成本，而且过度抽采也造成水资源浪费并威胁着周围生态环境。

凡是影响、威胁矿井安全生产，使矿井局部或全部被淹，并造成人员伤亡或经济损失的井下涌水或地面水溃入井下所造成的灾害，统称为矿井水害。随着国家对防治水工作的不断加强，矿井水害防治虽然取得新成效，但仍然是煤矿生产建设的主要灾害之一。要从源头防治矿井水害，首先要了解地下水与自然界中水循环的联系，地下水的性质、特征及运动规律等地下水的基础知识，掌握煤层周围岩石（围岩）中蕴藏的地下水的运动规律。

7.1 地下水的基础知识

7.1.1 自然水循环

自然界中水分为大气水、地表水和地下水。大气水存在于大气圈中，地表的海、河、湖、冰川的水统称为地表水；地下水埋藏于岩石裂隙孔隙中。水循环过程的三个最主要的环节是降水、蒸发和径流，全球的水量平衡由这三者构成的水循环途径决定。地球上水分的主要来源是海洋。在自然条件下，水的循环是从海洋蒸发开始的，气流把进入大气圈的海洋水蒸气输送到各地，部分留在海洋上空，部分水汽渗入内陆，并在适当条件下凝结并形成降水。

降于陆地的水除冰雪分布区外，一部分从高处流向低处并汇入河流，形成地表径流；另一部分渗入地下并由高处向低处运动，形成地下径流。地表径流和地下径流最终都汇入海洋。这种周而复始的水分运动称为水循环。大循环是指海洋→大气→陆地→海洋的循环，小循环是指海洋→大气→海洋或者陆地→大气→陆地的循环，如图 7－1 所示。

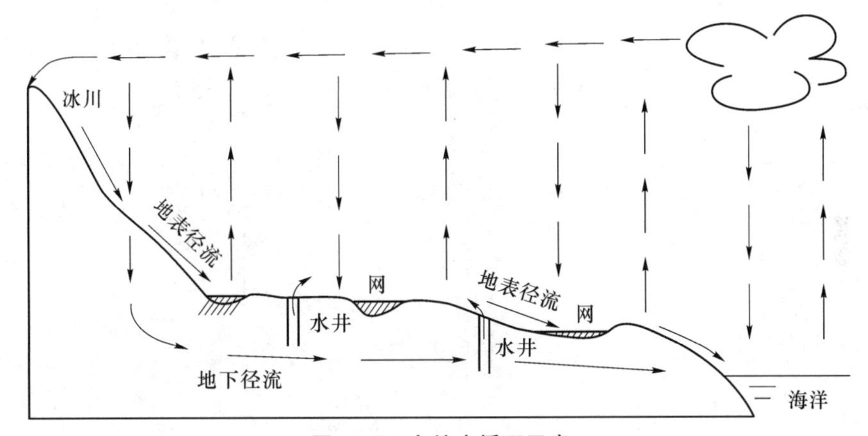

图 7－1　自然水循环示意

7.1.2　地下水的物理、化学性质

1. 地下水的物理性质

（1）温度：地下水的温度因分布区域不同而不同，由地区的地温梯度决定。不同地区的地温梯度有很大差异，如火山区周围分布的间歇泉水温可达 100 ℃以上，我国高地热区地下水的温度可达 300 ℃以上，高寒冻土区地下水的温度达－50 ℃。据资料显示，我国西藏羊八井地区海拔 4 306 m，地下深 200 m 内，地热蒸汽温度可达 172 ℃，水温为 145 ℃～170 ℃，1997 年一眼钻孔出水温度达 205 ℃。地下水的温度变化由水的埋藏深度、地质条件和自然地理条件决定，并影响地下水的化学成分。

（2）透明度：水中悬浮物本身的颜色和固态物质的化学成分决定水的透明度。水的透明度有四类，即不透明、微透明、半透明和透明。

（3）颜色：水中悬浮物和化学成分决定水的颜色。地下水通常无色，因含有不同的离子而显示不同颜色，如含 Fe^{2+} 的水呈浅绿灰色，含 Fe^{3+} 的水多呈铁锈色或黄褐色，含 Mn^{4+} 的水呈暗红色等。

（4）气味：水中的气体成分和有机物质决定地下水的气味。纯净的地下水是无味的，对有异味的水可以通过味道来判断地下水的赋存环境，如含有机质的水有鱼腥味、溶有硫化氢气体的水有臭鸡蛋味。

（5）觉味：水中的盐分及气体成分决定地下水的味道。通常地下水是无味的，若水中含盐类物质，则地下水有咸味；若水中含氯化镁或硫酸镁，则有苦味；含硫酸钠的地下水有涩味；溶有二氧化碳气体的水则有清凉可口的感觉。

另外，地下水还有导电性、放射性及密度等物理性质。地下水的物理性质在一定程度上体现了地下水的赋存环境和化学成分。

2. 地下水的化学性质

地下水是一种浓度较小的溶液，不断与周围环境发生作用，地下水的化学成分反映了一定的地质环境。地下水主要含有表 7－1 所示的 4 种化学成分。

表 7－1　地下水的化学成分

地下水的化学成分	地下水的化学元素	来源
主要离子（7 种）	钾离子（K^+）、钠离子（Na^+）、镁离子（Mg^{2+}）、钙离子（Ca^{2+}）、氯根离子（Cl^-）、硫酸根离子 $(SO4)^{2-}$碳酸氢根离子 $(HCO)^-$	有机物的分解、岩石的溶解、污水的渗入
化合物	铁铝的氧化物及偏硅酸（H_2SiO_3）	矿床的风化分解
气体	氮（N_2）、氧（O_2）、二氧化碳（CO_2）、硫化氢（H_2S）及甲烷（CH_4）	氧、氮来源于大气降水的渗入，二氧化碳来源于大气、土壤和岩石分解；硫化氢及甲烷来源于封闭的地质构造
有机质和细菌	—	有机质来源于生物遗体分解、细菌来源于污染

地下水的化学性质主要有以下几方面：

（1）总矿化度。单位体积的地下水中各种离子、分子和化合物的总量称为总矿化度，单位为 g/L，见表 7－2。

表 7－2　地下水按矿化度分类

名称	总矿化度/$(g \cdot L^{-1})$	名称	总矿化度/$(g \cdot L^{-1})$
淡水	<1	盐水（高矿化水）	10～50
微咸水（弱矿化水）	1～3	卤水	>50
咸水（中矿化水）	3～1	—	—

（2）地下水的 pH 值（即酸碱性）取决于水中的 H^+ 浓度，用 pH 值表示，见表 7－3。

表 7－3　地下水按 pH 值分类

酸碱性	强酸性	弱酸性	中性	弱碱性	强碱性
pH 值	<5	5～7	7	7～9	>9

（3）硬度。地下水中钙、镁离子的含量为硬度。若硬度大，则钙、镁离子的含量高；若硬度小，则钙、镁离子的含量低。

总硬度是指水中钙、镁离子的总量，它分为暂时硬度和永久硬度，二者的和为总硬度。将水加热至沸腾，减少的钙、镁离子的含量为暂时硬度；存留在沸水中的钙、镁离子的含量为永久硬度。

（4）侵蚀性。混凝土和石灰岩等含碳酸盐类物质受地下水冲刷而被侵蚀的能力，称为侵蚀性。其反应方程式为

$$CaCO_3 + H_2O + CO_2 \xlongequal{} Ca(HCO_3)_2$$

当地下水中含有 CO_2 时，就会溶解碳酸盐类物质中的 $CaCO_3$，其会损坏混凝土的结构。

7.1.3　地下水的三种存在形式

1. 气态水（水蒸气）

气态水分布于土壤和岩石的孔隙里，可以迁移但不能被利用，会凝结成液态水而造成水在地下的重新分配，是地下水的来源之一。

2. 液态水

液态水包括三种形式，即结合水、毛细水和重力水。结合水不受重力的影响并且在岩石中赋存数量不大，对煤矿生产影响很小。能产生毛细现象的孔隙和裂隙中的水称为毛细水。毛细水可以凭借毛细力克服自身重力沿孔壁上升，当达到力的平衡时，毛细水静止到某一高度，该高度称为最大毛细高度。毛细水受岩石的空隙大小、水的矿化度和温度影响，并且可以传递静水压力，被植物根所吸收。在岩石空隙中自由运动的水称为重力水。从水井及泉眼中流出的地下水，都为重力水，它既可以自由运动，又可以传递静水压力。重力水是矿井水文地质研究的主要对象。

3. 固态水

岩石中温度低于0 ℃时凝结成冰的水称为固态水。有些寒冷地方的冻土层就是其中的液态水变成固态水所形成的。例如，在高寒地区岩土施工或采矿，以固态水存在的冻土层将影响工程的稳定性和矿山的安全生产；另外，露天采矿也影响冻土层的稳定性。

以上各种形式的水在地壳表层的分布有一定的规律。比如在地表打水井时，浅部似乎很干燥的土石含有气态水和部分液态水，继续深挖时，湿度会渐渐增大，岩土中的这部分水为毛细水，直到井壁渗水并渐渐汇成稳定的水面，这部分水称为重力水。

综上所述，以地下稳定水面为界限，在之上范围的岩石空隙中的水称为包气带，在之下充满重力水、位于稳定隔水层之上的范围则称为饱水带，如图7－2所示。

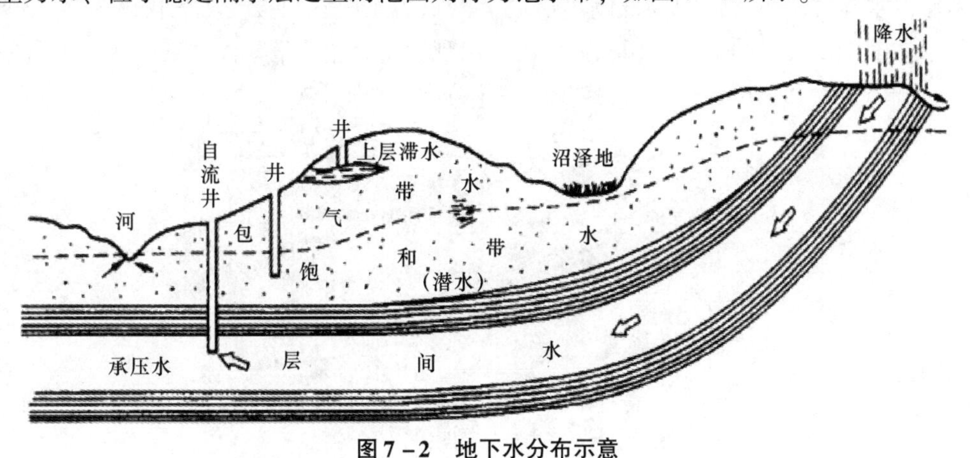

图7－2　地下水分布示意

7.1.4 透水层、隔水层和含水层

（1）透水层：岩石内部有许多互相连通的孔隙、裂隙和洞穴，所以地下水可在岩石中通过，岩石能被水透过的性能，称为岩石的透水性。能透水的岩层称为透水层。

（2）隔水层：对地下水的运动、渗透起阻隔作用的岩层，称为隔水层（或称为不透水层）。

（3）含水层：能透水且含有地下水的岩层称为含水层。

7.1.5 地下水的分类及特征

根据煤矿建设和生产需要，依据地下水的埋藏条件及岩体的空隙性质，可将地下水分为以下几类，见表 7－4。

表 7－4 地下水的埋藏条件和岩体空隙性质的综合分类

空隙性质 埋藏条件	空隙水 （疏松岩石孔隙中的水）	裂隙水 （坚硬基岩裂隙中的水）	岩溶水 （可溶岩孔隙中的水）
上层滞水	包气带中局部隔水层以上的水，季节性存在	坚硬基岩风化壳中的水，季节性存在	垂直渗入带的季节性和经常性存在的水
潜水	坡积、冲积、洪积、湖积和冰积沉积物中的水，可以成为沼泽水，沙漠、滨海沙丘中的水	坚硬基岩风化壳或中上部层状裂隙中的水	裸露岩孔隙中的水
承压水	松散沉积物构成的向斜盆地、单斜和山前平原中的水	构造盆地或向斜中基岩的层状裂隙水、单斜岩层中层状裂隙水、构造断裂带中的深层水	构造盆地或向斜盆地中溶化岩层中的水，单斜中溶化岩层中的水

1. 上层滞水

上层滞水是位于包气带中局部隔水层之上的重力水。它直接受大气降水补给，季节性强，与水文因素及气候的变化密切相关。雨季出现、干旱季节消失。因其分布范围有限，水量少，对矿山建设和生产影响不大，如图 7－3 所示。

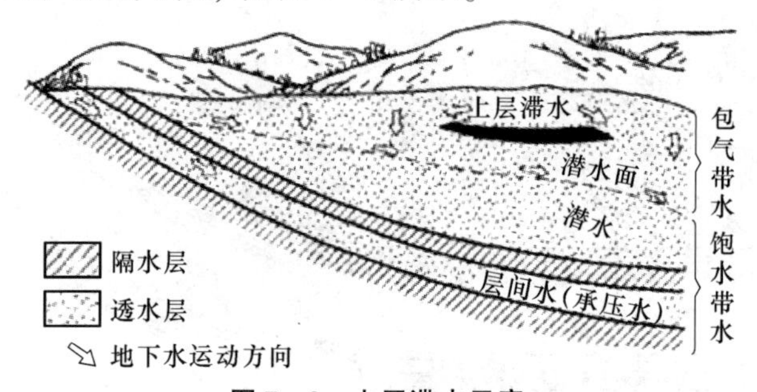

图 7－3 上层滞水示意

2. 潜水

具有自由水面、埋藏在地表以下第一个稳定隔水层以上的重力水称为潜水。在自然界中，潜水一般赋存于坚硬岩石的风化裂隙、溶洞和第四纪松散沉积物的孔隙中。

潜水的特征如下：

(1) 无隔水顶板，有一个自由水面（称为潜水面）。受大气压影响且不承受静水压力(局部地段有隔水顶板除外)。

(2) 在重力作用下，由高向低运动。

(3) 潜水面是不断变化的自由水面。大气降水和地表水可以通过包气带直接渗入补给潜水，其水位、水量和水质等变化与气象、水文因素的变化密切相关，潜水的补给区和排泄区一致，季节性强，如图7-4所示。

关于潜水的重要术语如下：

(1) 潜水含水层：潜水面至隔水层间充满重力水的部分，称为潜水含水层。

(2) 潜水含水层厚度：潜水面至隔水层的距离，称为潜水含水层厚度，如图7-4所示。

(3) 潜水的埋深：从潜水面向上至地表的距离，称为潜水的埋深，如图7-4所示。例如农村的潜水井，从井口至井水面的距离称为潜水的埋深。

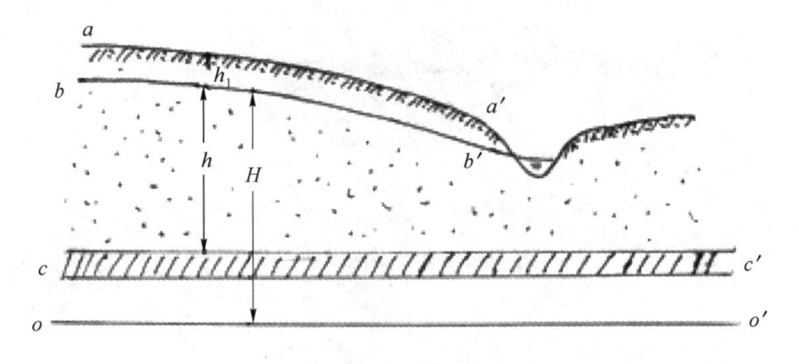

图7-4　潜水示意

aa'—地表；bb'—潜水面；cc'—隔水层；oo'—基准面；h—潜水含水层厚度；h_1—潜水的埋深；H—潜水位

3. 承压水

承压水是指充满两个稳定隔水层间的含水层中的重力水。其特征如下：

(1) 承压性：承受静水压力。当地形条件适宜时，经钻孔揭露承压含水层后，则会喷出地表，因此承压水又称为自流水或喷泉，如图7-5所示。

(2) 水质稳定，水动态稳定。

(3) 大气降水和地表水通过补给区补给，补给区与排泄区不一致，如图7-5所示。

从赋存条件看，承压水的形成主要取决于地质构造。所以，水文地质技术人员要首先查明含水层与地质构造分布规律，通过含水层动态监测数据和水文地质剖面图、等水位线图和等水压线图查明各含水层的水力联系，为生产部门提供水害预测预报资料，有效防治矿井水害发生。

关于承压水的重要术语如下：

(1) 承压水盆地（或自流盆地）：指在水文地质中的储存承压水的向斜构造。

（2）补给区、承压区、排泄区：补给区，含水层出露较高，直接接受大气降水或地表水补给，有潜水性质；排泄区，含水层出露较低，以泉的形式出露地表，或补给潜水和地表水的地段；在补给区和排泄区之间具有隔水层的地区称为承压区。

（3）承压水的测压水位（或静止水位）：当钻孔（或斜井、立井）打穿隔水顶板时，承压水便涌入钻孔（或斜井、立井）内，当水位上升到一定高度且稳定后，此时的水面高程称为承压水的测压水位或静止水位。

（4）承压水头：从测压水位（或静止水位）到隔水顶板底面的垂直距离称为承压水头。承压水头的大小各处不同，当测压水位高于该点的地形高程时称为正水头。如自喷钻孔和自流井的成因就是钻孔或水井位于正水头区域；负水头指测压水位低于该点的地形高程。例如，煤矿底板突水导致的淹井事故中，其静止水位在距离井口下 100 m 位置，原因是井口位于该承压水负水头区域，与承压水井道理相同。

（5）安全水头：不致引起矿井突水的承压水头最大值即安全水头。当煤层受顶、底板承压含水层水害威胁时，采用疏干降压措施，其目的是把承压水头降至安全水头以下，从而消除水害威胁。

（6）含水层厚度：上、下两个隔水层间的垂直距离，称为含水层厚度。

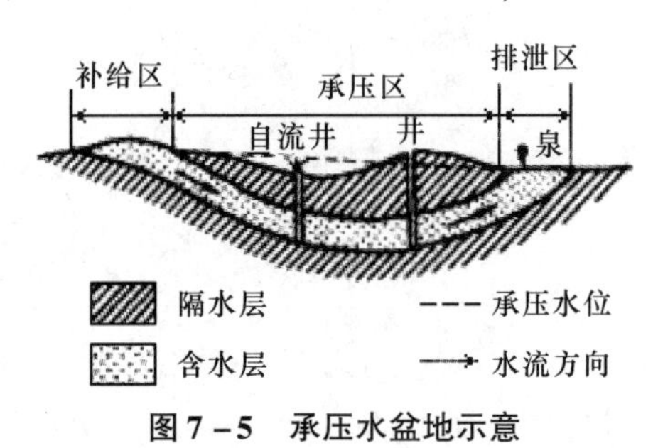

图 7-5　承压水盆地示意

4. 孔隙水

由于埋藏条件不同，孔隙水可分为上层滞水、潜水和承压水孔隙水。孔隙水在堆积平原和山间盆地内的第四纪地层中分布广泛，是工农业和生活用水的重要供水水源。孔隙水对采矿的影响主要取决于与煤层的相互关系、含水层厚度和岩石透水性的强弱。若岩石透水性强，水量大且运动快，建井时需要加大排水，甚至需要壁后注浆才能穿过孔隙含水层，部分古近纪和新近纪煤田在开采过程中受第四纪松散沉积物中孔隙水威胁，开采深部煤层时由于岩层跨落导致地表塌陷，也容易导通第四纪松散沉积物孔隙含水层，导致淹井等水害事故发生。

5. 裂隙水

裂隙水存在于岩石裂隙中。其按成因分为风化裂隙水、成岩裂隙水与构造裂隙水；按埋藏条件，可能是潜水，也可能是承压水；按水力联系程度又分为层状裂隙水和脉状裂隙水。裂隙水分布不均匀，是丘陵、山区供水的重要水源，也是矿坑充水的重要水源。

6. 岩溶水

赋存于可溶性岩层的溶蚀裂隙和洞穴中的地下水称为岩溶水，又称为喀斯特水。根据岩溶水的出露和埋藏条件不同，可将岩溶水划分为三种类型：裸露型岩溶水、覆盖型岩溶水、埋藏型岩溶水。岩溶水最明显的特点是水量大、水质好，可作为大量供水水源。但是在灰岩与煤层互层的华北石炭－二叠纪含煤岩系，或者构成煤系地层老底的华北奥陶纪、寒武纪厚层灰岩，其岩溶水对煤矿安全生产构成严重威胁。

7. 泉

当含水层或含水通道被侵蚀切割出露于地表时，在适宜的条件下便涌出成泉。泉的出现受地形条件、地质及水文地质条件控制，在一定的范围内甚至出现泉群。

泉多出露在山区与丘陵的沟谷、坡角、山前地带、河流两岸、洪积扇的边缘和断层带附近，而在平原区很少见。在石灰岩地区，许多岩溶泉本身就是河流的源头。中国济南是举世闻名的泉城，在市区2.6 km^2 的范围内分布有106个泉，总涌水量最大达8 333 m^3/h，成为济南市区重要的供水水源之一。

温泉有两种：一是地下水受地热增温的影响，沿裂隙带上升到地表变成温泉；另一种温泉与火山活动有关，即地下水受岩浆热的作用，以热水或蒸汽的形式喷出地表。我国西藏地区受板块撞击和岩浆作用的影响，地热资源十分丰富，其中著名的羊八井地热发电站已成为我国目前最大的地热实验基地。

7.2 矿井充水条件

任务导入

下面是一起特别重大的淹井事故：2007年8月17日，山东华源矿业有限公司因突降暴雨，山洪暴发，河水猛涨，河堤决口，溃水淹井引发事故灾难，致172人死亡，邻矿也因此次洪水淹井，造成9名矿工遇难。在煤矿建设和生产过程中如何准确判断充水水源，预防水害事故？

任务分析

煤矿建设和生产过程中，会有多种水源通过多种通道涌入巷道、硐室或工作面，有时地下水会携带大量泥沙涌入井巷，造成部分甚至整个矿井被淹没，有时还会造成人员伤亡事故。工程技术人员必须掌握矿井水的来源、涌水通道和水量的大小，掌握矿井水的赋存规律，采取有效措施预防水害发生，保障煤矿安全高效生产。

7.2.1 矿井充水水源和充水通道

在煤矿建设和生产过程中，各种类型的水源进入采掘空间的过程称为矿井充水。影响矿井充水的主要因素包括矿井充水水源和矿井充水通道，也称为矿井充水条件。

1. 矿井充水水源

1）大气降水

大气降水渗入矿井的水量受气候、地形、岩石性质和地质构造等因素的影响。在许多矿井，特别是开采煤层所在区域地形低洼且埋藏较浅的井田，大气降水是矿井充水的主要水源，并具有以下规律：

(1) 矿井水量的变化具有明显的季节性。由于大气降水渗入井下有一个过程，所以，大气降水的峰值先于矿井水量的峰值，且二者的峰值时间差随煤层埋藏越深，时间差越长。

（2）随着开采深度的增加，大气降水渗入量减少。同一矿的不同开采水平渗入量有明显的差别；

（3）矿井涌水的程度与降水量持续时间、大小和强度有直接关系。一般来说，我国北方矿区受大气降水的影响较南方矿区大。

2）地表水

地表水体包括江、河、湖、海、水库等，地表水分为经常性和季节性地表水体。当开采的煤层受地表水体影响时，地表水具有涌入矿井的可能性。地表水能否进入井下，取决于巷道上覆地层的透水性及完整程度、地质构造条件、巷道距水体的距离和采煤方法等因素。经常性地表水一旦涌入井巷，水量大且不容易疏干，季节性地表水作为充水水源时随季节变化。

所以，在开采地表水体附近的煤层时，要提前做好水文地质调查，查清水体下的地质构造情况，做好地表岩移观测以避免采动裂隙导通地表水，应提前采取预防措施以避免地表水涌入井巷。

3）老空区积水

废弃的井巷及采空区简称老空区，其内部充满地下水或有毒有害气体，当采掘作业接近时，其内部的积水变成矿井充水水源，简称老空水充水水源。此类水源的涌水特点是：（1）具有腐蚀性，会破坏井下设备；（2）突水时来势猛，易造成严重事故；（3）与其他水源有水力联系时可造成稳定的涌水，不易疏干，危害性极大。

4）岩溶水（也称喀斯特水）

岩溶水常见于石灰岩发育的煤系地层，曾导致多起矿井重大水害事故。如我国华北石炭－二叠纪煤系地层、太原组煤系地层发育数层灰岩层，同时该煤系地层基底不整合或假整合于奥陶系石灰岩强含水层之上，给煤矿安全生产带来严重威胁。岩溶水突水的特点是：水量大、来势凶猛、水压高（多为承压水）、涌水量稳定、不易疏干且危害性大。

5）孔隙水及裂隙水

孔隙较发育的砾岩、砾岩层以及第四纪松散沉积物内孔隙水发育，一旦成为矿井主要充水水源，就会造成很大危害，有时甚至出现溃泥沙的现象。例如，我国华北较年轻的古近纪和新近纪煤田，由于埋藏较浅，部分矿井受孔隙水水害威胁严重。裂隙水的水量小但水压较大，当与其他水源无水力联系时，涌水量会逐渐减少到干涸，如果裂隙水通过断裂构造、岩溶陷落柱及采动裂隙等导通其他水源，涌水量会逐渐增加，甚至导致严重的水害事故。

上述几种水源是矿井水的主要来源，而在某一具体突水事故中，常常是一种水源，但也有可能是多种水源，特别是开采深部煤层的老矿区。

2. 矿井充水通道

1）孔隙通道

胶结差且疏松多孔的岩体中常常存在许多孔隙通道，其大小及连通情况决定透水量的大小。当井巷穿过孔隙大且互相连通的砾岩及砂砾岩层时，矿井涌水量则大。

2）裂隙通道

裂隙通道包括风化裂隙、成岩裂隙和构造裂隙，其中构造裂隙包括各种节理、断层和断层破碎带，对矿井涌水影响最严重。导水断层、隔水断层和张性断层既是充水通道，又储有大量的水；压性及压扭性断层具有隐蔽性，当井下采煤作业引起冲击地压显现的区域、爆破作业及放顶等人为因素时，会使隐蔽性断层活化而成为充水通道或瓦斯运移通道，引起突水或瓦斯事故。

3）溶隙通道

可溶岩层如石灰岩层等发育的区域，经地下水溶蚀作用形成大小不等的溶隙。它可以储存大量的水，也可以互相连通形成涌水通道，或沟通其他水源而成为矿井主要充水通道。如华北石炭二叠纪煤田中的太原组灰岩层、煤层基底的奥陶纪灰岩层及寒武纪灰岩层，以及华南矿区的长兴组灰岩和茅口组灰岩层内，溶隙发育，水害频发，严重威胁安全生产。

4）岩溶陷落柱

岩溶陷落柱发育的矿区本身就是充水水源，其柱体内塌落的岩块胶结性差且孔隙大，往往成为导通上、下含水层的主要充水通道，特别是隐伏陷落柱危险性更大。因此，开采前需要用多种物探技术手段探明陷落柱的分布范围和空间形态，采取有效措施填堵陷落柱体，预防透水事故的发生。

5）人工通道

煤矿的井筒及小窑、封闭不良的钻孔、防水永久煤岩柱、过度抽排地下水导致的地面开裂及塌陷、采矿活动引起的顶板采动裂隙和地表塌陷裂缝等，均称为人工通道。

由于水文地质条件的复杂性，在矿井建设和生产过程中往往多个通道共同作用，沟通含水层导致突水事故发生。所以，正确判断矿井水来源及其通道，对于计算涌水量、预测水害、制定矿井防治水设计及指导安全生产等具有重要意义。

7.2.2 影响矿井涌水量大小的因素

除了矿井充水水源和充水通道外，影响矿井涌水量大小的因素如下。

1. 地质构造及其不同构造部位

断层产生的裂隙破碎带附近矿井涌水量比较大；对于多期构造运动产生的多期地质构造区域，断层密集区域和构造相交部位涌水量较大；开采含水层下部的煤层（群）时，背斜轴部较向斜轴部的涌水量小。

2. 围岩的岩性及含水层特性

隔水层围岩，如泥岩、泥页岩及巨厚致密的石灰岩等岩性组合，透水性差，涌水量较小；岩溶水的富水条件是底板突水的主要因素；承压水水头压力越大，涌水量越大，越容易突水。

3. 矿山压力及地应力

工作面回采时形成的矿山压力集中区域，导致底板涌水量增大；如褶曲轴部和断层破碎带等地应力集中区域，加剧了煤层顶底板的变形和破坏，使涌水量增大。

另外，不按规定和设计要求施工的采矿工程以及地形条件等其他因素也会影响矿井涌水量大小。

技能训练

在熟悉矿井充水条件的基础上，掌握煤岩层透水的预兆，并能准确判断是否透水，若透水，应及时撤离人员，采取预防措施。煤岩层透水预兆主要有以下几方面：

（1）靠近煤帮听到“嗞嗞”水叫声。水叫声是附近存在积水区或存在压力大的含水层时，把水挤入煤岩体裂隙里发出的响声。

（2）煤层变潮且暗淡无光泽，发现煤壁“挂汗”。工作面滴水逐渐增大，甚至发生大量的溃水、溃沙现象，发生局部冒顶。

(3) 手摸煤壁感觉“变冷”，靠近工作面，空气变冷且出现雾气，停留时间越长越感觉阴凉，说明前面有地下水。

(4) 工作面压力变化。工作面顶板淋水或陷落、支柱变形或折断、出现片帮或底鼓现象且沿裂隙涌水量增大、钻孔顶钻或喷水，说明前面有地下水。

(5) 遇到老空水的征兆。煤壁“挂红”，煤层变潮、松软，煤帮出现滴水、淋水现象，工作面气温低且出现雾气，有水叫声，水有臭鸡蛋气味、味道酸涩。

(6) 工作面底板岩溶水突水预兆。工作面压力增大，底板鼓起并产生裂隙，裂隙逐渐增大，沿裂隙向外渗水，底板发生“底爆”并伴有巨响，水大量涌出。

以上征兆为典型情况，但在某一透水过程中不一定全表现出来，有时可能出现其中几种甚至只出现一种征兆，对个别情况征兆可能不明显。要针对采掘条件和水文地质条件，综合考虑各种因素，科学判断透水。我国现行《煤矿安全规程》〔2016〕规定，若在采掘工作面或其他地点发现有透水预兆，应当立即停止作业，撤出所有受水害威胁地点的人员，报告矿调度室，并发出警报。在原因未查清、隐患未排除之前，不得进行任何采掘活动。

思考与练习

1. 收集校企合作煤矿的矿井水文地质资料，熟悉框架水的来源与矿井水通道分布情况。
2. 结合实习矿井的突水案例，熟悉矿井透水预兆以及现场应急处置措施。

7.3 矿井水害防治

任务导入

下面是某能源集团某矿奥灰水突水淹井事故案例：

2014 年 7 月 25 日 7 时 3 分，该矿 182306 工作面推采位置向外 20m 上巷下帮小硐出现涌水，紧接着发现工作面 77 号支架后尾梁处（采空区侧）底板涌水，涌水量逐渐由 55 m^3/h 增大至 600 m^3/h，12 h 后在大巷处估测涌水量为 11 264 m^3/h。经查煤系基地奥陶系岩溶含水层的岩溶水为突水水源。在采动应力和承压水的综合作用下，诱发该工作面底板小断层与隐伏导水陷落柱沟通，承压水突破底板隔水层形成集中突水通道，发生奥灰水滞后突水。该次事故的突水量超过采区泵房排水能力，导致淹井事故（简称“7·25”水害事故）。

该工作面回采前曾进行三维地震和可控源音频大地电磁法综合物探，并确定该矿水文地质类型为极复杂型。建有多参数水文动态监测智能预警系统，对工作面底板各含水层水位进行动态监测，同时采取人工方式观测井下矿井涌水量。矿井水文地质类型与矿井水害防治有哪些关联？防治矿井水害的方法和措施有哪些？

任务分析

我国煤矿水文地质条件复杂，对煤矿安全生产影响很大，历史上曾多次发生特大型矿井水害事故，并造成了严重的人员伤亡和经济损失。我国矿井水害事故统计情况显示，2006—2010 年全国矿井水害事故死亡人数占煤矿总死亡人数的 7.9%（表 7-5），其中老空水的死亡人数占矿井水害事故总死亡人数的 89.7%（表 7-6）。

表7－5　2006—2010年全国煤矿重特大矿井水害事故统计表

年度	全国煤矿死亡情况		其中矿井水害死亡情况							
			起数	人数	其中3～9人		其中10～29人		其中30人以上	
	起数	人数			起数	人数	起数	人数	起数	人数
合计	10 339	16 811	306	1 325	114	577	22	344	4	162
2006	2 945	4 746	99	417	40	213	4	68	1	56
2007	2 421	3 786	63	255	28	146	3	56	—	—
2008	1 954	3 215	59	263	17	81	7	99	1	36
2009	1 616	2 631	47	166	16	77	4	54	—	—
2010	1 403	2 433	38	224	13	60	4	67	2	70

表7－6　2006—2010年全国四类矿井水害统计表

年度	合计		老空水		地表水		岩溶水		冲积层水		其他	
	起数	人数	起数	人数	起数	人数	起数	人数	起数	人数	起数	人数
合计	140	1083	129	971	7	55	2	36	—	—	1	5
2006	45	337	45	337	—	—	—	—	1	16	—	
2007	31	202	29	186	2	16	—	—	—	—	—	—
2008	25	216	22	198	3	18	—	—	—	—	—	
2009	20	131	17	108	1	3	1	4	—	—	—	
2010	19	197	16	142	1	18	1	32	1	16	1	5

“十二五”期间我国煤矿安全形势显著好转。全国煤矿共发生矿井水害事故死亡人数占全国煤矿事故死亡人数的9.1%（表7－7）。其中重特大矿井水害事故所占比例较大，仅次于瓦斯事故。与“十一五”期间相比，其中老空水水害事故频发，占较大水害事故起数的82.0%，地下水（奥灰水和溶洞水）水害事故占14.0%，地表水（河流和洪水）水害事故占11.8%。

表7－7　“十二五”期间矿井水害事故按透水水源统计表

年份	较大事故						合计		重大以上事故						合计	
	老空水		地下水		地表水				老空水		地下水		地表水			
	起数	人数	起数	人数	起数	人数	起数	人数	起数	人数	起数	人数	起数	人数	起数	人数
2011	15	75	1	3	0	0	16	78	5	62	0	0	1	23	6	85
2012	8	50	0	0	0	0	8	50	4	44	0	0	1	13	5	57
2013	10	45	0	0	1	3	11	48	2	28	1	0	0	0	3	28
2014	3	10	3	15	1	3	7	28	2	38	0	0	0	0	2	38
2015	5	18	3	20	0	0	8	38	1	21	0	0	0	0	1	21
合计	41	198	7	38	2	6	50	242	14	193	1	0	2	36	17	229

针对中国煤矿水文地质复杂和矿井水害事故频发的实际情况，国家出台了《煤矿防治水细则》〔2018〕，提出了煤矿防治水工作应该坚持“预测预报，有疑必探，先探后掘，先治后采”的16字原则和“探、防、堵、疏、排、截、监”7项综合治理措施。

相关知识

7.3.1 矿井水的观测

矿井水的观测分为地面观测和井下观测两种。

1. 地面观测

（1）气象观测：主要观测降水量，并分析降水量与矿井涌水量的变化关系。特别是在雨季洪水期，利用气象观测可帮助分析矿井涌水条件。

（2）地表水观测：对分布于矿区范围内的地表水，如江、河、湖、溪流、水库、水沟及塌陷区积水等，都应该进行定期观测。观测内容包括水位、流量及流失量，通过构造裂隙带的流失量，观测雨季河流泛滥时洪水淹没范围及时间，积水区的积水范围、水深、水量及高程等。

分析整理所有地表观测资料，研究水量、水位的变化规律，并预测地表水对矿井涌水的影响。依据防治水相关规定，煤矿应当加强与当地气象部门沟通联系，及时收集气象资料，建立气象资料台账；矿井30 km范围内没有气象台（站），气象资料不能满足安全生产需要时，应当建立降水量观测站。

2. 井下观测

按照《煤矿防治水细则》〔2018〕，矿井应当对主要含水层进行井下长期水位、水质动态观测，设置矿井和各出水点涌水量观测点，建立涌水量观测成果等防治水基础台账，并开展水位动态预测分析工作。

（1）井下观测点布置的位置：对矿井生产建设有影响的主要含水层；影响矿井充水的地下水强径流带（构造破碎带）；可能与地表水有水力联系的含水层；矿井先期开采的地段；在开采过程中水文地质条件可能发生变化的地段；人为因素可能对矿井充水有影响的地段；井下主要突水点附近或者具有突水威胁的地段；疏干边界或隔水边界处等。

（2）井下观测的时间、次数、顺序和方法，严格按照相关规定进行。

例如：在“7·25”水害事故中，该矿生产期间施工了2个奥陶系灰岩含水层地面观测孔及12个井下水文观测孔。当7月25日突水后，突水点西北方向600 m处奥灰观测孔水位开始下降，7月27日该观测孔水位最大下降340.52 m，邻矿奥灰观测孔水位下降9.30 m。注浆堵水成功后，水位均逐渐回升至正常值。

因此，水位观测孔的观测目的是了解矿区水文地质条件随时间的变化规律，及时整理分析观测资料，及时掌握水文地质条件变化情况，分析矿井的涌水条件及其变化规律，确定突水水源等。根据矿井水文地质类型（表7－8）建立专门的基础台账，应当建立计算机数据库以便及时更新台账数据，为制定防治水措施提供决策依据。

依据相关规定，矿井应当按照规定编制防治水图件，包括矿井充水性图、涌水量及相关因素动态曲线图、矿井综合水文地质图、矿井综合水文地质柱状图、矿井水文地质剖面图等。矿井应当建立数字化图件，内容真实可靠，并每半年对图纸内容进行修正完善。

表7-8　矿井水文地质类型

分类依据		类型			
		简单	中等	复杂	极复杂
受采掘破坏或影响的含水层及水体	含水层性质及补给条件	受采掘破坏或影响的是孔隙、裂隙、溶隙含水层，补给条件差，补给来源少或极少	受采掘破坏或影响的是孔隙、裂隙、溶隙含水层，补给条件一般，有一定的补给水源	受采掘破坏或影响的主要是岩溶含水层、厚层砂砾石含水层、老空水、地表水，其补给条件好，补给水源充沛	受采掘破坏或影响的是岩溶含水层、老空水、地表水，其补给条件很好，补给水源极其充沛，地表泄水条件差
	单位涌水量 q/($L \cdot s^{-1} \cdot m^{-1}$)	$q \leqslant 0.1$	$0.1 < q \leqslant 1.0$	$1.0 < q \leqslant 5.0$	$q > 5.0$
矿井及周边老空水分布状况		无老空水	存在少量老空水，位置、范围、积水量清楚	存在少量老空水，位置、范围、积水量不清楚	存在大量老空水，位置、范围、积水量不清楚
矿井涌水量/($m^3 \cdot h^{-1}$)	正常 Q_1 最大 Q_2	$Q_1 \leqslant 180$ (西北地区 $Q_1 \leqslant 90$) $Q_2 \leqslant 300$ (西北地区 $Q_1 \leqslant 210$)	$180 < Q_1 \leqslant 600$ (西北地区 $90 < Q_1 \leqslant 180$) $300 < Q_2 \leqslant 1\ 200$ (西北地区 $210 < Q_2 \leqslant 600$)	$600 < Q_1 \leqslant 2\ 100$ (西北地区 $180 < Q_1 \leqslant 1\ 200$) $1\ 200 < Q_2 \leqslant 3\ 000$ (西北地区 $600 < Q_2 \leqslant 2\ 100$)	$Q_1 > 2\ 100$ (西北地区 $Q_1 > 1\ 200$) $Q_2 > 3\ 000$ (西北地 $Q_2 > 2\ 100$)
矿井突水量 Q_3/($m^3 \cdot h^{-1}$)		无	$Q_3 \leqslant 600$	$600 < Q_3 \leqslant 1\ 800$	$Q_3 > 1\ 800$
开采受水害影响程度		采掘工程不受水害影响	矿井偶有突水，采掘工程受水害影响，但不威胁矿井安全	矿井时有突水，采掘工程、矿井安全受水害威胁	矿井突水频繁，采掘工程、矿井安全受水害严重威胁
防治水工作难易程度		防治水工作简单	防治水工作简单或易于进行	防治水工程量较大，难度较高	防治水工程量大，难度高

注：1. 单位涌水量以井田主要充水含水层中有代表性的为准。

2. 在单位涌水量 q，矿井涌水量 Q_1、Q_2 和矿井突水量 Q_3 中，以最大值作为分类依据。

3. 同一井田煤层较多，且水文地质条件变化较大时，应分煤层进行矿井水文地质类型划分。

4. 按分类依据就高不就低的原则，确定矿井水文地质类型。

7.3.2 矿井涌水量的观测方法

矿井涌水量分为矿井正常涌水量和矿井最大涌水量。其中，矿井正常涌水量是指矿井开采期间，单位时间内流入矿井的水量。矿井最大涌水量是指矿井开采期间，正常情况下矿井涌水量的高峰值。

观测矿井涌水量一般采用容积法、浮标法、流速仪法、堰测法、水仓水位法或者其他先进的测水方法。测量工具和仪表应当定期校验，以减少人为误差。

常用的矿井涌水量的观测方法有如下几种：

（1）容积法。将出水点流出的水导入一定容积的量水桶内，记录流满该量水桶的时间，然后用下式计算涌水量：

$$Q = V/t \tag{7-1}$$

式中，Q 为涌水量，m^3/h 或 m^3/min；V 为量水桶的容积，m^3；t 为流满水所需时间，h，min 或 s。

该种方法测量较准确，但水量大时不容易操作。

（2）浮标法。在形状规则的水沟的上、下游各选定一个断面，量好两断面的距离 L，分别测过水面面积 F_1、F_2，然后用一个浮在水面上的浮标从上断面投入水中，记录浮标从上断面流到下断面的时间 t，矿井涌水量的计算公式为

$$Q = 0.8FL/t \tag{7-2}$$

式中，Q 为涌水量，m^3/min；F 为上、下平均过水断面积，m^2；L 为上、下两断面的距离，m；t 表示浮标从上断面流到下断面的时间，min。

浮标法简单易行，特别对于水量大且流速快的情况，但测量结果精度差，为此要乘以经验系数 0.8 来校正。

（3）流速仪法。一般在水沟中选定一个断面（面积为 F），用流速仪测定该断面的平均流速。测量时将仪器放入水沟，记录转动的圈数。矿井涌水量的计算公式为

$$Q = FV = F(Kn + C) \tag{7-3}$$

式中，Q 为涌水量，m^3/s；F 为断面面积，m^2；V 为流速，m/s；K 为仪器常数；n 为转数；C 为仪器摩擦系数。

另外，还可以用每天矿井总排水量来计算矿井涌水量。

7.3.3 矿井水害防治

矿井充水的形式有渗水、滴水、淋水、涌水和溃水等。当涌入和溃入井巷的水来势凶猛且水量大时通常称为矿井突水。

矿井突水点，根据突水量大小分为以下 4 类：

（1）小突水点（$Q \leq 60\ m^3/h$）；

（2）中等突水点（$60 < Q \leq 600\ m^3/h$）；

（3）大突水点（$600 < Q \leq 1\ 800\ m^3/h$）；

（4）特大突水点（$Q > 1\ 800\ m^3/h$）。

开展矿井水害防治工作要依据我国现行《煤矿防治水细则》〔2018〕和《煤矿安全规程》〔2016〕的相关规定。

矿井水害防治分为地面防治水和井下防治水。

1. 地面防治水

地面防治水是经常性工作之一，要求雨季前必须对防治水工作进行全面检查。对受雨季降水威胁的矿井，建立“雨季巡查”制度，储备足够的防洪抢险物资。对受暴雨威胁的矿井，必须立即停工撤人，只有在确认暴雨洪水隐患消除后方可恢复生产。

在地表修筑防排水工程或采取其他措施限制大气降水和地表水补给含水层或直接渗入井下，称为地面防治水。地面防治水一般有以下5种方法。

1）合理选择井口和工业场地内建筑物的位置

矿井井口和工业场地是煤矿生产的咽喉，在任何情况下都应保证其不被洪水淹没。因此，要在矿井设计阶段根据地形条件，合理选择井口及工业场地内建筑物的位置，使其符合相关规定。

【案例】2009年5月28日，南方某矿发生地表洪水泥石流倒灌矿井事故。由于强降雨，山体滑坡，洪水引发泥石流通过主斜井井口溃入井下。事故前有关部门曾发出暴雨预警，但未引起煤矿重视，后造成3人死亡。该矿井口的设计位置没有避开洪水泥石流威胁区域。

根据国家相关规定，矿井井口和工业场地内建筑物的高程，必须高于当地历年最高洪水位。在山区还必须避开可能发生泥石流、滑坡的地段。矿井井口及工业场地内建筑物的高程低于当地历年最高洪水位的，应当修筑堤坝、沟渠或者采取其他防御洪水的可靠措施。不能采取可靠安全措施的，应当封闭填实该井口。

降大到暴雨时及降雨后，应当有专业人员观测地面积水与洪水情况、井下涌水量等有关水文变化情况和井田范围及附近地面有无裂缝、采空塌陷，井上、下连通的钻孔和岩溶塌陷等现象，及时向有关部门报告，并将上述情况记录在案，存档备查。情况危急时，相关部门应当立即组织井下撤人。煤矿应当建立灾害性天气预警和预防机制，加强与周边邻矿的信息沟通，发现矿井水害可能影响邻矿时，应立即向周边邻矿发出预警。

2）河流改道及铺设人工河床

当地表河流影响煤矿安全生产时，应在其上游修筑水坝，将河流改到矿区范围以外。如果条件不允许且河流弯曲，应将河道取直，以减少河水渗流量；当地表水体流经矿区受条件限制不能改道时，可用水泥、料石和黏土等材料铺设人工河床，防止水漏到井下。

3）修筑排水沟或填平积水坑

当大气降水引起地表积水并影响矿井涌水量时，可以修筑排水沟将水排至矿区影响范围之外，也可以用潜水泵将积水排出后再用黏土等填平积水坑。

4）堵漏

矿区地表的废弃的钻孔、老窑、溶洞、基岩露头区及采动引起的地表塌陷等裂缝，都可能成为矿井充水通道。如果查明上述通道与矿井涌水量间存在水力联系，必须用黏土、水泥等将其夯实并高于地表，以防积水渗入井下。

依据相关规定，矿井应当查清矿区及其附近地面水流系统的汇水、渗漏情况，疏水能力和有关水利工程等情况；了解当地水库、水电站大坝、江河大堤、河道、河道中障碍物等情况；掌握当地历年降水量和最高洪水位资料，建立疏水、防水和排水系统。

2. 井下防治水

井下防治水的措施有以下几种。

1）留设防隔水煤（岩）柱

为确保近水体安全采煤而留设的煤层开采上（下）限至水体底（顶）界面之间的煤岩层区段称为防隔水煤（岩）柱。我国《煤矿安全规程》〔2016〕规定，井田内有与河流、湖泊、充水溶洞、强或者极强含水层等存在水力联系的导水断层、裂隙（带）、陷落柱和封闭不良的钻孔等通道时，应当查明其确切位置，并采取留设防隔水煤（岩）柱等防治水措施。

凡属下列情况之一的，必须留设防隔水煤（岩）柱：

（1）相邻井田（人为或断层边界）边界；

（2）含水及导水断层、陷落柱，或与富含水层相接触的断层；

（3）煤层与强含水层或导水断层接触，并局部被覆盖的；

（4）煤层位于含水层上方且断层导水；

（5）在老窑积水区及矿井水淹区采掘时；

（6）在河、湖、水库及海域等地表水体下采煤时；

（7）受保护的通水钻孔；

（8）煤层露头。

各类防隔水煤岩（柱）的留设需要结合水文地质条件和开采技术条件等因素，其规格严格执行矿井防治水的有关规定。

我国的《煤矿安全规程》〔2016〕规定，煤层顶板存在富水性中等及以上含水层或者其他水体威胁时，应当实测垮落带、导水裂隙带发育高度，进行专项设计，确定防隔水煤岩（柱）尺寸。当导水裂隙带范围内的含水层或者老空积水等水体影响采掘安全时，应当超前进行钻探疏放或者注浆改造含水层，待疏放水完毕或者注浆改造等工程结束、消除突水威胁后，方可进行采掘活动。

2）设水闸门、水闸墙

为了堵截矿井内局部地段的水源不波及全矿井，需要建防水建筑物将开采区与水源隔开。防水建筑物分为水闸门和水闸墙。

水闸门一般设置在可能发生突水需要堵截但平时仍然需要行人和运输的巷道内，如井底车场、变电所的出入口等，以及可能发生突水与相邻巷道内。水闸门由混凝土闸墩、门框和门扇组成，如图 7－6 所示。根据水压大小其可以用钢板或铁板制成。门框的尺寸根据运输需要设计，门扇和门框间用防漏水材料填充。通常门的形状为平面状，当水压超过$(2.5\sim3)\times10^6$ Pa 时水闸门采用球面状。水闸门平时是开着的，当发生水害时，须人工迅速将其关闭。在不经常行人而又没有运输任务的巷道，可以建自动水闸门。

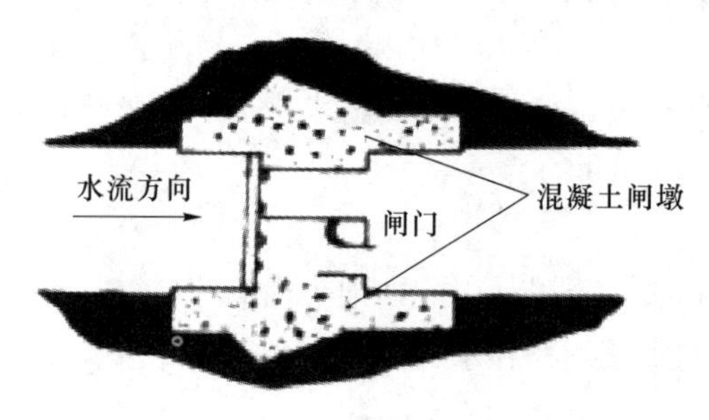

图 7－6　水闸门示意

依据相关规定，当发生突水时，矿井应当立即做好关闭水闸门的准备，在确认人员全部撤离后，方可关闭水闸门。矿井应当根据水害的影响程度，及时调整井下通风系统，避免风流紊乱、有害气体超限。

水文地质条件复杂、极复杂或者有突水淹井危险的矿井，应当在井底车场周围设置水闸门或者在正常排水系统的基础上另外安设由地面直接供电控制，且排水能力不小于最大涌水量的潜水泵。在其他有突水危险的采掘区域，应当在其附近设置水闸门。不具备设置水闸门条件的，应当制定防突（透）水措施，并及时报告企业主要负责人审批。

水闸门应当符合下列要求：

（1）水闸门必须采用定型设计。

（2）水闸门的施工及其质量必须符合设计要求。闸门和闸门硐室不得漏水。

（3）水闸门硐室前、后两端，应当分别砌筑不小于 5 m 的混凝土护碹，碹后用混凝土填实，不得空帮、空顶。水闸门硐室和护碹必须采用高标号水泥进行注浆加固，注浆压力应当符合设计要求。

（4）水闸门来水一侧 15 ~25 m 处，应当加设 1 道挡物箅子门。水闸门与箅子门之间不得停放车辆或者堆放杂物。来水时先关箅子门，后关水闸门。如果采用双向水闸门，应当在两侧各设 1 道箅子门。

（5）通过水闸门的轨道、电机车架空线、带式输送机等必须灵活且易拆；通过水闸门墙体的各种管路和安设在水闸门外侧的闸阀的耐压能力，都必须与水闸门的设计压力一致；电缆、管道通过水闸门墙体时，必须用堵头和阀门封堵严密，不得漏水。

（6）水闸门必须安设观测水压的装置，并有放水管和放水闸阀。

（7）水闸门竣工后，必须按设计要求进行验收；对新掘进巷道内建筑的水闸门，必须进行注水耐压试验，水闸门内巷道的长度不得大于 15 m，试验的压力不得低于设计水压，其稳压时间应当在 24 h 以上，试压时应当有专门的安全措施。

（8）水闸门必须灵活可靠，并每年进行 2 次关闭试验，其中 1 次应当在雨季前进行。关闭水闸门所用的工具和零配件必须由专人保管，在专门地点存放，不得挪用丢失。

水闸墙是用不透水材料构成的，分为永久性和临时性水闸墙，用于隔绝有透水危险的区域。水闸墙一般设置在永久封闭的巷道内以隔断大量涌水。永久性水闸墙用的是混凝土或钢筋混凝土材料；临时性水闸墙用的是砖和木料等。井下水闸墙的设置应当根据矿井水文地质条件确定。水闸墙的形状有平面、圆柱面和球面三种。其中圆柱面的较常用，在水压特别大的情况下可以修成多段墙。水闸墙应该修筑在坚硬完好的岩石内，墙的四周应掏槽砌筑，如图 7 –7所示。

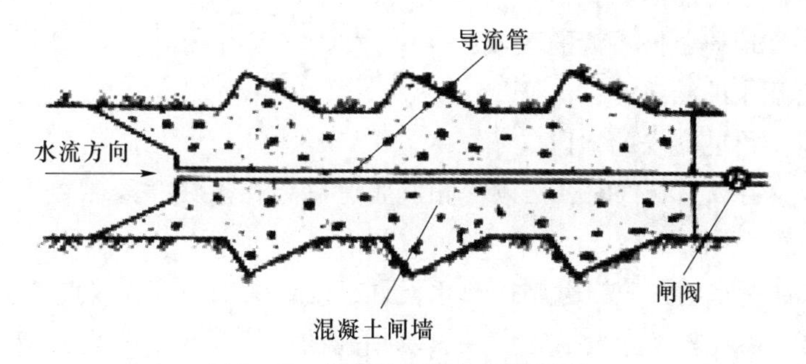

图 7 –7 永久性多段水闸墙示意

3）探放水

探放水是探水和放水的总称。探水是指在采矿过程中用超前勘探方法，探明采掘工作面顶底板、侧帮和前方等水体的具体空间位置和状况等。放水是指为了预防水害事故，在探明情况后利用探水钻孔等方法将水安全放出。

当采掘工作面接触或者接近充水断层、老窑及强含水层等水体，或者有明显的透水预兆时，必须立即停止作业，遵循“有疑必探、先探后掘、先治后采”的原则，首先探明这些水体的位置，然后采取相应的措施将水放出来，这项工作称为探放水或者超前探放水。采掘工作面总是在探放水—掘进—探放水（即先探后掘、边掘边探）的循环中进行，如图7－8所示。

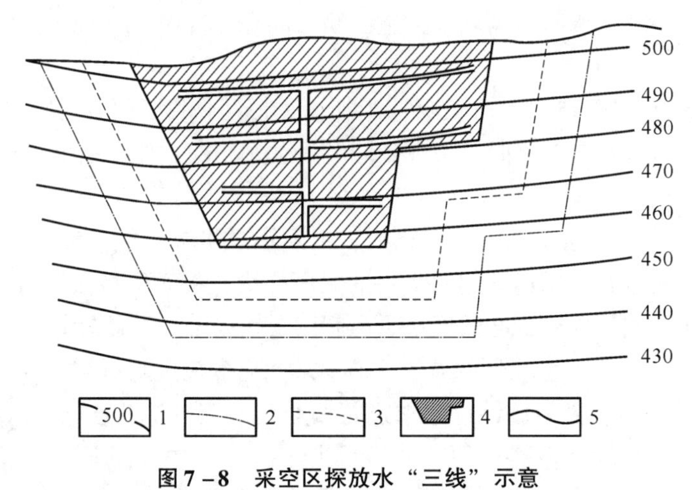

图7－8 采空区探放水“三线”示意

1—底板等高线；2—警戒线；3—探水线；4—积水线；5—煤层露头线

我国《煤矿防治水细则》〔2018〕规定，采掘工作面遇有下列情况之一的，应当进行探放水：

（1）接近水淹或者可能积水的井巷、老空区或者相邻煤矿；

（2）接近含水层、导水断层、溶洞和导水陷落柱；

（3）打开防隔水煤岩（柱）进行放水前；

（4）接近可能与河流、湖泊、水库、蓄水池、水井等相通的导水通道；

（5）接近有出水可能的钻孔；

（6）接近水文地质条件不清的区域；

（7）接近有积水的灌浆区；

（8）接近其他可能突水的地区。

当采掘区域具备以上条件时，必须停止施工，确定探水线并绘制在采掘工程平面图上，严格执行“三专”“两探”要求。

在采掘工作面探水前，应当编制探放水设计，确定探水警戒线（图7－8），并采取防止瓦斯和其他有害气体危害等安全措施。探放水钻孔的布置和超前距离，应当根据水头高低、煤（岩）层厚度和硬度等确定。探放水设计由地测机构提出，经矿井总工程师组织审定同意，按设计进行探放水作业。

我国《煤矿安全规程》〔2016〕规定，在采掘工程平面图和矿井充水性图上必须标绘出井巷出水点的位置及其涌水量、积水的井巷及采空区范围、底板高程、积水量、地表水体和水害异常区等。在水淹区域应当标识出积水线、探水线和警戒线的位置。

确定探放水“三线”，即积水线、探水线和警戒线。积水线是根据调查所得积水区分布资料或者由物探、钻探等查明的老空区范围，圈定的积水区范围的边界线（图7－8）；根据积水区的水压、煤层的坚硬程度及资料可靠程度等因素沿积水线平行外推一定距离（一般为60～150 m）画一条线即探水线（图7－8）。当掘进至探水线时就开始探水作业（表7－9）。由探水线再平行外推一定距离（一般取值50～150 m）划定的一条线即警戒线（图7－8）。巷道接近警戒线后就要时刻警惕透水的威胁，一旦发现透水预兆，要停止采掘作业，提前探放水，情况紧急时要及时撤离受水威胁区域的人员。

表7－9　老空水探水线参考值　　m

边界名称	确定方法	煤层软硬程度	资料依靠调查分析判别	以一定的图纸资料作参考	可靠的图纸资料作依据
探水线	由积水线平行外推	松软	100～150	80～100	30～40
		中硬	80～120	60～80	30～35
		坚硬	60～100	40～60	30

（1）探水。有透水预兆或者采掘到达探水线时，便可开始探水作业。探水—掘进—探水，循环进行，每次探水作业都探出一段允许掘进的安全距离，以掩护采掘活动，直至最终放出威胁水量或排除疑点、探清楚积水情况为止。

①超前距：每次探水作业为巷道掘进探明的一段防隔水安全煤岩（柱）的距离，称为超前距L_{ch}（图7－9）。

②帮距：探水孔的布置一般不少于3组（每组1～3个孔），一组为中眼，另外两组为斜眼，斜眼与中眼呈一定角度的扇形（图7－10）或半扇形布置（图7－11）。其目的是控制巷道中心及上、下、左、右区域的水体。

为使巷道两帮与可能存在的水体之间保持一定的安全距离，呈扇形布置的最外侧探水孔所控制的范围与巷道帮的距离称为帮距，即中眼与斜眼间的距离（L_b）。帮距一般等于超前距，有时帮距可比超前距小1～2 m。超前距一般不小于20 m（薄煤层一般不小于8 m），见表7－10。

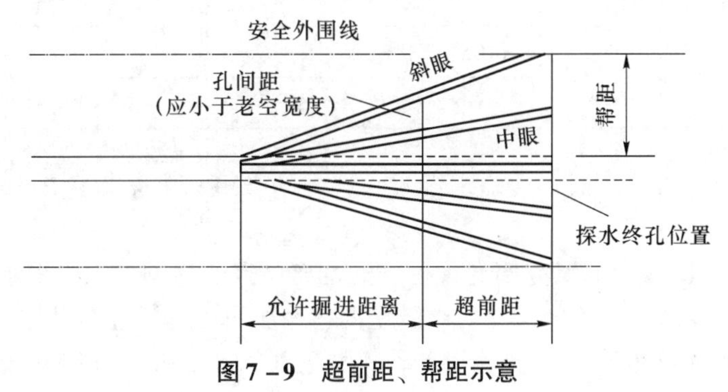

图7－9　超前距、帮距示意

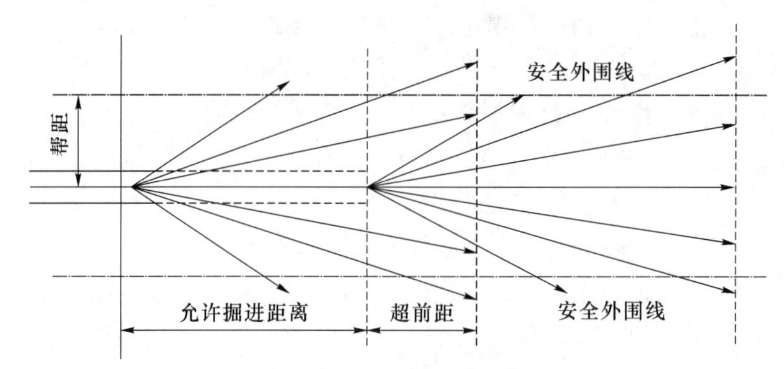

图 7-10 探水钻孔扇形布置示意（1）

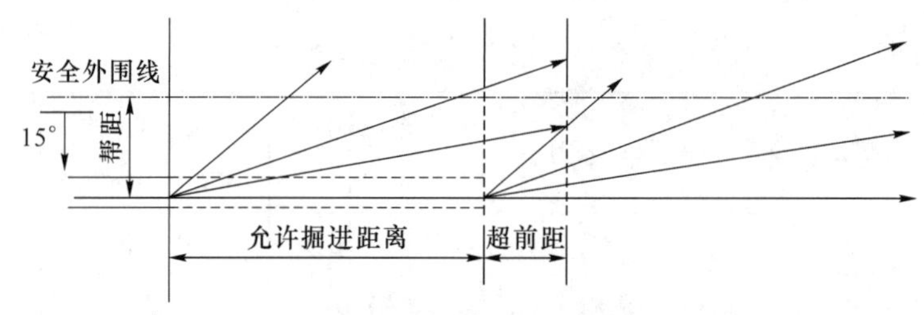

图 7-11 探水钻孔半扇形布置示意（2）

表 7-10 淄博矿区超前距的经验值

煤层厚度/m	水头压力/Pa	最小超前距/m
1.6～2.2	>2.9×106	20
	9.8×105～2.9×106	16
	<9.8×105	14
1.2～1.6	>2.9×106	20
	9.8×105～2.9×106	14
	<9.8×105	10
0.7～1.2	>2.9×106	18
	9.8×105～2.9×106	12
	<9.8×105	10
<0.7	>2.9×106	16
	9.8×105～2.9×106	10
	<9.8×105	8

③允许掘进的距离。经探水后确定没有水害威胁，可以安全掘进的长度称为允许掘进距离。

④钻孔密度（孔间距）。其是指允许掘进的距离终点的横剖面上，探水钻孔的间距。该距离一般不大于老空区、旧巷的尺寸，以防止古巷道从两孔间漏过而引起突水事故。

（2）放水。在水文地质条件复杂和水压、水量大的地点探放水时，按照规定要预先安装孔口承压套管和控制闸阀进行钻进，确保钻孔出水后能有效控制放水量。孔口管必须固定在坚硬完整的岩石地段。一般用大口径钻头开口到一定深度（视水压大小而定）再下孔口管，在管外围灌水泥浆，待凝固后再用小直径钻头在孔口管内钻进，直到钻透含水层为止。退出钻具，在孔口管外露部分装水压表、阀门及导水管等，如图7－12所示。

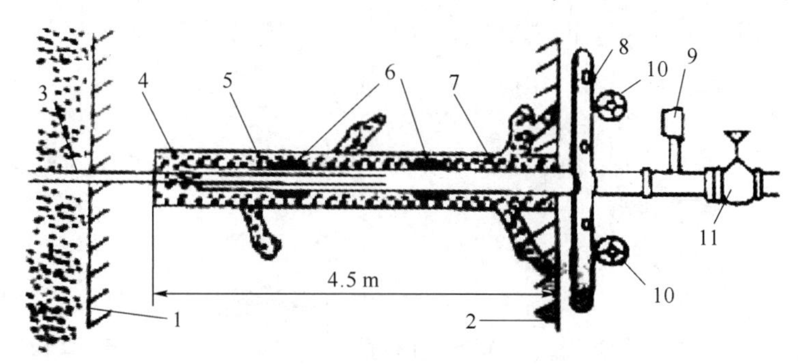

图7－12　放水孔孔口装置示意

1—含水层；2—相对隔水层；3—钻杆；4—ϕ50 mm钻孔；5—水泥；6—肋条；7—ϕ89 mm钢管；8—铁卡；9—水压表；10—木柱；11—水阀门

确保承压套管牢固可靠，首先把开孔位置选择在岩石较完整、坚硬的地方，其次承压套管的长度按规定执行。一般用双层套管（如图7－13所示），由于外层套管的长度一般较短，所以应尽可能放在无水段。承压套管要用高压注浆泵进行水泥固结，使套管和岩体成为一体，套管下放固结一定时间后，进行压水耐压试验，试验的压力不得小于设计压力，稳定时间必须保持至少30 min，孔口不漏水，孔口管牢固不活动，即合格，否则必须重新注浆。这样才能保证孔口管在钻孔出水后不被冲出。孔口管放好后要带好控制闸阀，使钻孔出水后能有效控制水量，防止排水能力不足和不能有效控制放水孔，从而影响安全生产。

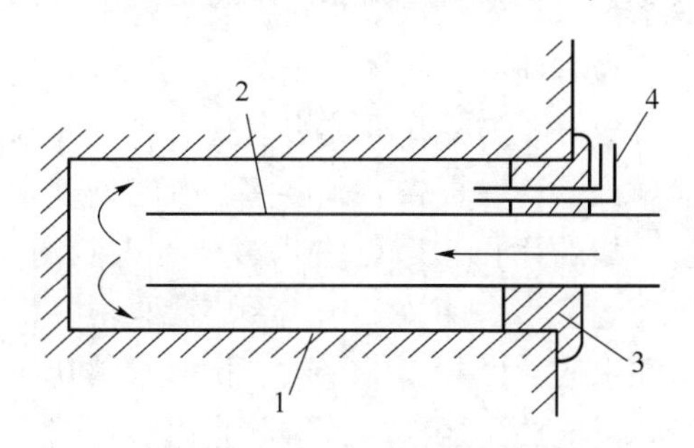

图7－13　放水孔口管安装示意

1—钻孔；2—孔口管；3—固定孔口管的水泥；4—小管

我国《煤矿安全规程》〔2016〕关于放水的几条规定如下：

①在钻孔放水前，应当估计积水量，并根据矿井排水能力和水仓容量，控制放水流量，防止淹井；放水时，应当有专人监测钻孔出水情况，测定水量和水压，做好记录。如果水量突然变化，应当立即报告矿调度室，分析原因，及时处理。

②井下安装钻机进行探放水前，应加强钻孔附近的巷道支护，并在工作面迎头打好坚固的立柱和拦板，严禁空顶、空帮作业；清理巷道，挖好排水沟；探放水钻孔位于巷道低洼处时，应当配备与探放水量相适应的排水设备；在打钻地点或者其附近安设专用电话，保证人

员撤离、通道畅通；由测量人员依据设计现场标定探放水孔位置，与负责探放水的工作人员共同确定钻孔的方位、倾角、深度和钻孔数量等；探放水钻孔的布置和超前距离，应当根据水压大小、煤（岩）层厚度和硬度以及安全措施等，在探放水设计中作出具体规定，探放老空积水最小超前水平钻距不得小于 30 m，止水套管长度不得小于 10 m。

③在预计水压大于 0.1 MPa 的地点探放水时，应当预先固结套管，在套管口安装控制闸阀，进行耐压试验。套管长度应当在探放水设计中规定。预先开掘安全躲避硐室，制定避灾路线等安全措施，并使每个作业人员了解和掌握。

④预计钻孔内水压大于 1.5 MPa 时，应当采用反压和有防喷装置的方法钻进，并制定防止孔口管和煤（岩）壁突然鼓出的措施。

（3）探放水作业的注意事项。

①矿井探放水受高压水威胁，且必须在一定安全距离范围内才能探放，所以，探放水作业要采用专用钻机，由专业人员和专职队伍进行施工。在探放水前应当编制探放水设计，采取防止有害气体危害的安全措施。探放水结束后，应当提交探放水总结报告存档备查。

②拟定探水工作面加强支护、排水系统、排水沟的疏通，增加防排水设施（临时水仓水闸门）和排水能力等的方案；预防有毒有害气体的措施，确定避灾路线和联络信号；拟定钻探安全技术保障措施，经有关部门审批通过后予以实施。

③在探放水钻进时，若发现煤岩松软，片帮，来压或者钻眼中水压、水量突然增大和顶钻等透水征兆，应当立即停止钻进，但不得拔出钻杆；应当立即向矿调度室汇报，派人监测水情。发现情况危急时，应当立即撤出所有受水威胁区域的人员到安全地点，然后采取安全措施，进行处理。

严禁开采地表水体、强含水层、老空区、水淹区域下且水害威胁未消除的急倾斜煤层。

④探放老空水前，应首先分析并查明老空水体的空间位置、积水量和水压。探放水孔应当钻入老空水体，并监视放水全过程，核对放水量，直到老空水放完为止。当钻孔接近老空水体时，预计可能发生瓦斯或者其他有害气体涌出时，应当设有瓦斯检查员或者矿山救护队员在现场值班，随时检查空气成分。如果瓦斯或者其他有害气体浓度超过有关规定，应当立即停止钻进，切断电源，撤出人员，并报告矿调度室，及时处理。

近年来，由于老空水害事故的死亡人数已占水害死亡人数的 80% 以上，是防治水工作的重点，所以矿区要高度重视老空水的探放工作。要广泛收集资料，走访调查，分析并查明老空水的空间位置、积水量和水压，做到心中有数。探放水钻孔要打中老空水体，至少一个孔要打中老空水体底板，才有可能放尽老空水，排除隐患。若未打中老空水体便盲目施工掘进，将后患无穷。

4）疏水降压

当煤层上、下有含水层且对采掘作业构成威胁时，借助专门的工程（抽水、放水、吸水、钻孔及巷道）及相应的设备，降低含水层的水位或形成降落漏斗使含水层局部疏干、解除水害威胁的矿井水害防治方法，称为疏水降压，其包括疏干降压及疏水降压。其中，疏干降压是指煤层顶板含水层中的水存在导水通道，存在涌入采掘空间的危险，要在开采之前疏放顶板水，把水放出再进行采掘作业，以保证安全生产；疏水降压是针对煤层底板含水层而言，抽放含水层水使其水压降至采煤安全水压范围。

依据我国《煤矿安全规程》〔2016〕的规定，需要考虑疏水降压的几种情况及在降压时的注意事项如下：

（1）开采底板有承压含水层的煤层，当承压含水层与开采煤层之间的隔水层能够承受的水头值小于实际水头值时，应当采取疏水降压、注浆加固底板改造含水层或者充填开采等措施，并进行效果检验，制定专项安全技术措施，报企业技术负责人审批。

（2）当含水层影响采矿工程正常进行时，应当进行疏干。疏干工程应当超前采矿工程。在矿床疏干漏斗范围内，如果地面出现裂缝、塌陷，就应当圈定范围并加以防护、设置警示标志，采取安全措施。

（3）地下水水位升高，可能造成排土场或者采场滑坡的，应当进行地下水疏干。

（4）受地下水影响较大和已经进行疏干排水工程的边坡，应当进行地下水位、水压及涌水量的观测，分析地下水对边坡稳定的影响程度及疏干的效果，制定地下水治理措施。

（5）煤层顶、底板有强岩溶承压含水层时，主要运输巷、轨道巷和回风巷应当布置在不受水害威胁的层位中，并以石门分区隔离开采。对已经不具备石门隔离开采条件的应当制定防突水安全技术措施，并报矿总工程师审批。

另外，在条件许可的情况下可带压开采，这较疏水降压更利于水资源的循环利用。

5）注浆堵水

注浆堵水就是将配制的浆液（黏土、水泥、水玻璃及化学材料等）用注浆泵压入井下预定的岩层空隙、裂隙或巷道中，使其扩散、凝固并在短时间内硬化，形成“地下帷幕”，起到封堵截断补给水源和加固地层的作用。注浆堵水的设备、配置和制作工艺简单，材料来源广且廉价，是矿井水害防治的重要手段之一，目前国内外均广泛使用。

注浆堵水有井筒注浆、巷道注浆堵水、注浆恢复被淹矿井或采区及注浆帷幕截流等几种形式。

（1）井筒注浆：井筒预计穿过较厚的含水层或较薄但层数较多的含水层时，可以选用地面预注浆；当含水层富水性较弱时，可以在井筒工作面直接注浆；当井筒建成后，因壁后出水造成井壁漏水、漏沙时，应考虑井筒壁后注浆。

（2）巷道注浆堵水：当掘进坚硬岩石巷道遇到涌水量大的情况时，可以将注浆材料压入封堵涌水通道来辅助掘进作业。

（3）注浆恢复被淹矿井或采区：当巷道突水淹没采区或矿井后，注浆封堵突水点是最有效的措施之一。封闭突水点的钻孔数量视具体情况而定。当已知突水点范围不大及附近岩层完整时，可用单孔注浆；当突水点位置不清、水量水压较大且突水点附近岩层破碎时，可围绕突水点布置一组钻孔进行帷幕注浆。

（4）注浆帷幕截流：大水矿区（如峰峰、阳泉、井陉等矿井）有充沛的供给水源，采取连续拦截补给水源来减少涌水量的水害防治方法，称为注浆帷幕截流。该方法可以提高露天边坡的稳定性，防止抽排地下水引起地表塌陷等次生灾害，保护地下水源。

例如，“7·25”水害事故案例，注浆恢复被淹矿井，注10孔在钻进至揭露奥灰岩溶陷落柱时开始注浆，直到地面观测孔水位恢复区域正常水位后，启动排水试验，矿井淹没水位持续下降，奥灰含水层水位稳定，表明注浆堵水成功。

我国《煤矿安全规程》〔2016〕规定，需要考虑注浆堵水的几种情况及其注意事项如下：

（1）当井下巷道穿过与河流、湖泊、溶洞、含水层等存在水力联系的导水断层、裂隙

(带)、陷落柱等构造时，应当探水前进。如果前方有水，应当超前预注浆封堵加固，必要时可预先构筑水闸门或者采取其他防治水措施。否则，不准施工。穿过含水层段的井巷，应当按照防水的要求进行壁后注浆处理。

(2) 当回采工作面内有导水断层、裂隙或陷落柱时，应当按照规定留设防隔水煤（岩）柱，也可以注浆封堵导水通道；否则，不准采煤。注浆改造的工作面可以先进行物探，查明水文地质条件，根据物探资料打孔注浆改造，再用物探与钻探验证注浆改造效果。

例如，“7·25”水害事故的工作面，在回采前进行了两种方法（音频电透视和瞬变电磁法）的物探工作。瞬变电磁法原设计在工作面内外各30°和底板3个方向探测，但实际工作面探测放弃了底板方向的探测（因为有轨道、钢丝绳和积水等），且每个测点向工作面内外的方向调整为45°，增加了切眼中向工作面内外和底板的3个方向的探测工程。

在回采前进行了底板工作面注浆加固工程。设计94个钻孔预注浆4 700 t。分里段（38个钻孔）、中段（45个钻孔）、外段（11个钻孔）3段施工。事故发生前，外段的注浆加固工程正在施工。中段注浆钻孔有10个揭露含水层时水压偏高（最高水压为5.7 MPa），最大单孔涌水量为15 m^3/h，最大单孔注浆量为11.5 t。经分析，局部地段可能通过构造裂隙与下伏含水层存在一定的水力联系而形成压力异常区。经注浆加固底板和检验，仍有部分检验孔水压偏高（3.5～4.3 MPa）。里段采用临界突水系数为0.06 MPa/m作为安全回采评判标准。中段采用临界突水系数为0.1 MPa/m作为安全回采评判标准。事故的间接原因就在于，水压偏高原因没有查明而强行回采，同一工作面采用两种临界突水系数标准。

突水后经注浆堵水证实，182306采面整体为一单斜构造，煤层倾角变化大（0°～39°），共发育有21条断层，落差为0.6～22 m。在回采前采取注浆加固底板措施时没有对中段断层裂隙进行注浆堵水，导致局部检验孔水压偏高。

(3) 涌水量大、有突水威胁的矿区，应当建立注浆专业队伍，负责注浆堵水工作。

(4) 工作面采完后，对于已经失去使用价值而需关闭的局部疏水降压钻孔，应当进行注浆封闭，并在有关图纸上标明其位置。

(5) 废弃矿井闭坑前，应当采用物探、化探和钻探等方法，探测矿井边界防隔水煤(岩) 柱的破坏状况及其可能的透水地段，采用注浆堵水工程隔断废弃矿井与相邻生产矿井的水力联系，避免矿井发生水害事故。

6) 矿井排水

利用排水设备将流入水仓的水排至地表的水害防治方法称为矿井排水。排水系统包括水泵、排水管路、配电设备和水仓。近年来，由于矿井排水系统与矿井涌水量不匹配，重大矿井水害事故频发，为此，我国《煤矿防治水细则》〔2018〕及《煤矿安全规程》〔2016〕对矿井排水系统有明确规定：

(1) 关于建立矿井排水系统及其与矿井涌水量匹配问题的规定：矿井建设和延深中，当开拓到设计水平时，必须建成防、排水系统后方可开拓掘进；矿井应当配备与矿井涌水量匹配的水泵、排水管路、配电设备和水仓等，并满足矿井排水的需要。除正在检修的水泵外，应当有工作水泵和备用水泵。工作水泵应当能在20 h内排出矿井24 h的正常涌水量(包括充填水及其他用水)。备用水泵的能力，应当不小于工作水泵能力的70%。检修水泵的能力，应当不小于工作水泵能力的25%。工作和备用水泵应当能在20 h内排出矿井24 h的最大涌水量。

排水管路应当有工作和备用水管。工作排水管路应当能配合工作水泵在20 h内排出矿井24 h的正常涌水量。工作和备用排水管路应当能配合工作和备用水泵在20 h内排出矿井24 h的最大涌水量。

配电设备的能力应当与工作、备用和检修水泵的能力匹配，能够保证全部水泵同时运转。

（2）关于水泵房及其管理的规定：主要水泵房至少有两个出口，一个出口用斜巷通到井筒，并高出水泵房底板7 m以上；另一个出口通到井底车场，在此出口通路内，应当设置易于关闭的既能防水又能防火的密闭门。水泵房和水仓的连接通道应当设置控制闸门。

矿井排水系统集中控制的主要水泵房可不设专人值守，但必须实现图像监视和专人巡检。

（3）关于水仓容量及管理的规定：矿井主要水仓应当有主仓和副仓，当一个水仓清理时，另一个水仓能够正常使用。

新建、改扩建矿井或者生产矿井的新水平，正常涌水量在1 000 m^3/h以下时，主要水仓的有效容量应当能容纳8 h的正常涌水量。

正常涌水量大于1 000 m^3/h的矿井，主要水仓有效容量可以按照下式计算：

$$V=2(Q+3\ 000) \tag{7-4}$$

式中，V为主要水仓的有效容量，m^3；Q为矿井每小时的正常涌水量，m^3。

规定要求，采区水仓的有效容量应当能容纳4 h的采区正常涌水量；水仓进口处应当设置箅子；对水砂充填和其他涌水中带有大量杂质的矿井，还应当设置沉淀池；水仓的空仓容量应当经常保持在总容量的50%以上。

（4）关于矿井排水系统维护保养的规定：水泵、水管、闸阀、配电设备和线路，必须经常检查和维护。在每年雨季之前，必须全面检修1次，并对全部工作水泵和备用水泵进行1次联合排水试验，提交联合排水试验报告；水仓、沉淀池和水沟中的淤泥，应当及时清理，每年雨季前必须清理1次。

（5）关于大型矿井排水系统的规定：大型、特大型矿井排水系统可以根据井下生产布局及涌水情况分区建设，每个排水分区可以实现独立排水，但水泵房设计、排水能力及水仓容量必须符合相关规定。

（6）关于排出积水恢复被淹井巷的规定：井下采区、巷道有突水危险或者可能积水的，应当优先施工安装防、排水系统，并保证有足够的排水能力；排除井筒和下山的积水及恢复被淹井巷前，应当制定安全措施，防止被水封闭的有毒、有害气体突然涌出。在排水过程中，应当定时观测排水量、水位和观测孔水位，并由矿山救护队随时检查水面上的空气成分，若发现有害气体，应及时采取措施进行处理。

另外，我国矿井水害防治工作不断积累经验，积极引进国外先进的技术装备，积极利用三维地震技术探明井田范围内的断层、陷落柱等地质构造，推广使用顶板水害防治“三图双预测”方法、底板水害防治“脆弱性指数法”和“五图双系数法”方法，逐步建立“预测探查、综合治理、效果验证、安全评估”矿井水害防治水工作体系，实现矿井水害防治工作由被动治理向主动超前防范、由措施防范向工程治理、由局部治理向区域治理转变。

技能训练

结合综合矿井水害防治案例进一步深刻领会“预测预报、有疑必探、先探后掘、先治后采”的基本原则，进一步理解“探、防、堵、疏、排、截、监”的矿井水害综合治理措施。

【案例 7.1】煤系砂岩裂隙含水层，在没有地表水、冲积层水及其他水源补给的情况下，其动、静储量往往不大，不会对煤层安全生产构成太大的威胁。但不少平原区的煤田煤系之上覆盖有不同厚度和不同富水性的第四系和第三系冲积层松散含水层，砂岩裂隙常常成为冲积层水补给砂岩含水层的通道，使砂岩裂隙含水层成为富水性较强的含水层，当采掘作业直接揭露或遇到断裂带直接沟通时该含水层的水就会突然涌出，造成矿井水害事故。所以，当煤层顶板及其较近距离内存在富水性较强的煤系砂岩裂隙含水层时，需要提前进行疏干降压或者开掘泄水巷等措施，将水降至安全水压以下，再进行采掘作业。矿井提前疏干水，可以避免含水层水突然涌入矿井，杜绝矿井水害事故，提高劳动效率，消除地下水静水压力造成的破坏等，是矿井水害防治的一种主要措施。

【案例 7.2】我国北方石炭二叠纪煤系下部常含有数层灰岩，海进海退的旋回构造形成的灰岩夹层与煤层的间距较小，溶洞裂隙比较发育，断裂构造常沟通含水层，特别是奥陶系、寒武系灰岩岩溶水，因此在开采下层煤时常常发生底板突水事故。对于这类突水事故的特点和现有的技术水平，采用超前探明通水通道、打钻注浆、加固底板和断层裂隙带等防治措施，但对于底板承压含水层，当水压大于隔水层抗压能力时，必须超前打钻放水，即疏水降压。

【案例 7.3】我国北方石炭二叠纪煤系的基底是奥陶系巨厚石灰岩岩溶裂隙含水层，溶洞裂隙发育，富水性极好。它不仅广泛接受大气降水的补给，而且与地表水体、冲积层底部含水层等也有较好的互补关系，动、静储量十分丰富。我国历史上曾经发生多次奥陶系灰岩水底板突水淹井的重大事故。其主要防治对策是：超前探测煤层与灰岩顶板的间距，监测底板破坏深度，保持必要的安全距离，超前疏水降压，将水降至安全水头之下；超前探测导水构造，如断裂构造、溶洞、陷落柱的发育及富水情况；注浆、注集料加固封堵导水裂隙带、陷落柱等。对于存在底板岩溶水威胁，但还没有摸清水动力情况及运移规律的部分矿区，应禁止生产。对于我国南方厚层灰岩含水层及岩溶水，应利用物探、化探等技术手段超前查明主要补给水源及补给通道，在可能突水的地段也要采取提前疏水降压措施。

【案例 7.4】通过互联网查阅王家岭矿“3·28”特别重大透水事故的相关资料。

据调查资料分析，王家岭矿建设施工中存在着严重的违规违章行为。该矿井下施工的20101 工作面回风巷掘进工作面探放水措施不落实，掘进导通老空区积水，致使 +583 m 高程以下的巷道被淹，造成 38 人死亡。违规违章行为包括以下几种：

（1）没有严格执行“预测预报、有疑必探、先探后掘”的规定，水文地质资料和井田内老窑水未查清就盲目组织施工。

（2）劳动组织管理混乱，为了抢工期、赶进度，井下安排 15 个掘进面同时作业，当班作业人员过度集中，且领导干部带班制度不落实。

(3) 现场管理不到位，单纯追求产值、速度，忽视安全生产。

(4) 施工安全措施不落实，工作面出现透水征兆后，没有按照规定采取停止作业、立即撤人等果断有效的措施。

(5) 隐患排查治理不力，特别是3月份以来20101工作面回风巷多次发现巷道积水、顶板淋水，但一直未采取有效措施消除隐患。在掘进巷道透水征兆十分明显的情况下，未能严格按照矿井水害防治规定，采取真正有效的矿井水害防治措施，仍违章施工，冒险作业。

(6) 施工组织不合理，违反施工组织程序，在矿井一、二期工程没有全面完成、主要矿井排水系统没有建成的情况下，就强行盲目施工三期工程。

(7) 安全培训不到位。未对职工进行全员安全培训，新到职工未培训就安排上岗作业，部分特殊工种的工作人员无证上岗。

思考与练习

结合所学知识，阐述“3·28”特别重大透水事故的教训和防范措施。

结合校企合作矿井水害防治工作的实际情况，举例说明“3·28”特别重大透水事故中存在哪些违规违章行为。

复习题

1. 矿井透水预兆是什么？
2. 探放水的含义是什么？
3. 采掘工作面遇有哪些情况时应当进行探放水？
4. 布置探放水钻孔应当遵循哪些规定？
5. 探放老空水有哪些规定？

单元8

影响煤矿生产的地质因素①

煤层厚度变化和地质构造等地质因素对煤田开发的影响具有普遍性，还有一些地质因素如矿井瓦斯、岩浆侵入、岩溶陷落柱、煤尘、煤自燃及冲击地压等，也严重影响煤矿的安全生产。在一个井田内部，受地质条件制约，各种地质因素的影响程度也有区别，随着开采深度的增加，矿井瓦斯、冲击地压成为影响煤矿生产的重要因素。作为煤矿开采技术人员，必须了解影响煤矿生产的各种地质因素，掌握其规律，在设计和生产中采取必要的措施和处理方法，把不利影响降到最低限度。

8.1 矿井瓦斯

知识要点

矿井瓦斯的性质及其对煤矿生产的影响。

技能目标

矿井瓦斯的防治技术。

任务导入

下面是安徽某煤矿发生的一起重大瓦斯爆炸事故：

该矿2013年瓦斯等级鉴定为瓦斯矿井，绝对瓦斯涌出量为1.01 m^3/min，相对瓦斯涌出量为6.61 m^3/t。事故地点位于越界开采区域东部的－530 m水平，以掘代采，风煤钻打眼，放炮落煤时发生瓦斯爆炸。事故造成27人遇难，直接经济损失为4 511.05万元。矿井瓦斯与煤矿开采有何关系？为什么放炮会诱发瓦斯爆炸？

---

① 本单元体例与之前的单元略有不同，每节增设“知识要点”“技能目标”，并以“任务导入－任务分析－相关知识－任务实施”的格式编排内容，特此说明。

任务分析

瓦斯是在煤形成过程中生成并保存在煤岩层的孔隙、裂隙中的混合气体。在采掘过程中不断释放并积聚，达到一定浓度时就会引起瓦斯事故。瓦斯事故分为瓦斯窒息、燃烧、突出及爆炸。矿井瓦斯事故一直是矿井主要灾害类型，且随着开采深度的增加，瓦斯事故越发频繁。所以，研究瓦斯的赋存规律，并运用这些规律指导矿井通风设计和安全管理，积极采取预防措施具有重要意义。

相关知识

8.1.1　矿井瓦斯的基本知识

1. 矿井瓦斯的成分及其性质

矿井瓦斯是煤矿生产过程中从煤岩层内涌出的各种有害气体的总称。一般情况下矿井瓦斯的成分以甲烷（CH_4）为主，其次是氮气（N_2）和二氧化碳（CO_2），其他成分的含量很少，矿井瓦斯的性质主要是针对甲烷而言。

甲烷的化学式为 CH_4，俗称沼气，为无色、无味、无嗅、无毒、极难溶于水的可燃性气体。甲烷的分子直径较小，可以在微小的煤体空隙里流动。甲烷能燃烧并是优质洁净能源，其热值约为 37.656 MJ/m^3，当它与空气混合并达到5%～16%浓度时，遇高温热源就会发生爆炸。甲烷的质量比空气小，其相对密度为0.554，因此常停留在井下巷道的上部和工作面的上隅角。瓦斯易燃易爆，极易造成群死群伤的煤矿事故。自新中国成立以来，全国发生24起百人以上特别重大煤矿事故，其中22起是瓦斯事故。

二氧化碳的化学式为 CO_2，是无色、无嗅、略带酸味，并有一定毒性的气体，易溶于水，对空气的相对密度为1.52，比空气重，主要分布在井下巷道的底部，不燃烧，不助燃，但在空气中达到一定浓度后可使人窒息甚至死亡。

有机物在成煤过程中会形成大量的瓦斯，有3%～24%残存在煤层中称为煤层气。采矿学科中的矿井瓦斯与地质学科中的煤层气含义大致相同。煤层气还是重要的温室气体，它的温室效应是二氧化碳的20～24倍。据2000年的估算，我国每年因采煤向大气排放的甲烷总量约占世界采煤排放总量的1/3。近年来，我国实施煤层气与矿井瓦斯抽采利用后，安全环保效益与经济效益得到了极大的提高。

在“十二五”期间，我国出台了一系列政策措施，有力地推动了煤层气产业较快发展和矿井瓦斯防治形势持续稳定好转；“十三五”期间又加大了瓦斯抽采利用力度，使矿井瓦斯变废为宝，得到高效利用（表8－1）。

表8－1　煤层气开发利用成果统计

“十二五”期间取得的成就				“十三五”规划
发展指标	2010年	2015年	年均增速/期末	2020年
新增探明地质储量	1 980亿 m^3	3 504亿 m^3	12.1%	4 200亿 m^3
煤层气产量	15亿 m^3	44亿 m^3	24.0%	100亿 m^3
煤层气利用量	12亿 m^3	38亿 m^3	25.9%	>90亿 m^3

续表

“十二五”期间取得的成就				“十三五”规划
煤层气利用率	80%	86.6%	6.4%	90%以上
煤矿瓦斯抽采量	76亿 m^3	136亿 m^3	12.3%	140亿 m^3
煤矿瓦斯利用量	24亿 m^3	48亿 m^3	14.9%	>70亿 m^3
煤矿瓦斯抽采率	31.6%	35.3%	3.7%	50%以上

国家能源局发布的《煤层气（煤矿瓦斯）开发利用“十三五”规划》表明，“十三五”期间，新增煤层气探明地质储量为4 200亿 m^3，建成2~3个煤层气产业化基地。截至2020年，煤层气（煤矿瓦斯）抽采量将达到240亿 m^3，其中地面煤层气产量为100亿 m^3，利用率在90%以上；煤矿瓦斯抽采140亿 m^3，利用率在50%以上，煤矿瓦斯发电装机容量为280万kW，民用超过168万户。坚持煤层气地面开发与煤矿瓦斯抽采并举，以煤层气产业化基地和煤矿瓦斯抽采规模化矿区建设为重点，推动煤层气产业持续、健康、快速发展。

2. 瓦斯在煤层中的赋存状态

（1）游离态瓦斯：又称为自由态瓦斯。瓦斯以自由气体状态存在于煤体围岩的空隙裂隙或空洞中，并可以自由移动。

（2）吸附态瓦斯：分为吸着态和吸收态瓦斯。其中吸着态瓦斯被吸着在煤体或岩体微孔表面上，并形成一层瓦斯薄膜。吸收态瓦斯被溶解于煤体微粒内部。煤体中瓦斯存在的状态随外界条件的变化而变化，当外界压力升高或温度降低时，游离态瓦斯可以转变为吸附态瓦斯，称为吸附现象；当外界压力降低或温度升高时，吸附态瓦斯可以转为游离态瓦斯，称为解吸现象。在煤层采动时首先放散出来的是游离态瓦斯，随后吸附态瓦斯变为游离态瓦斯并不断放散到采掘空间，使解吸现象不断进行，导致矿井瓦斯缓慢、均匀且持续不断地涌出。

3. 煤层瓦斯含量及测定法

1）煤层瓦斯含量

煤层瓦斯含量是指单位质量或体积的煤在自然状态下所含的瓦斯质量或瓦斯体积，单位为 t/m^3 或 m^3/m^3。不同煤田、同一煤田的不同井田、同一井田的不同采区，其煤层瓦斯含量有很大差别。影响煤层瓦斯含量的地质因素如下：

①煤的变质程度。不同变质程度的煤因其孔隙不同，对瓦斯的吸附能力也不同。褐煤有很大的吸附能力，但在自然条件下，褐煤埋藏较浅使瓦斯不易保存，所以褐煤中瓦斯含量很小。在煤的变质过程中，地压不断增大，煤的孔隙率减小，煤质致密，长焰煤的表面积和孔隙率都很小，吸附瓦斯量为20~30 m^3/t。在高温高压下煤的变质作用加强，煤体内部形成的微孔隙到无烟煤阶段达到最大，吸附能力最强，可达50~60 m^3/t。在地压的持续作用下，微孔隙会变小，到石墨变为零，吸附能力消失，如图8-1所示。但吸附能力大的煤其瓦斯含量不一定大，瓦斯含量的大小与瓦斯保存条件有关，有些无烟煤矿井，其瓦斯含量并不大。

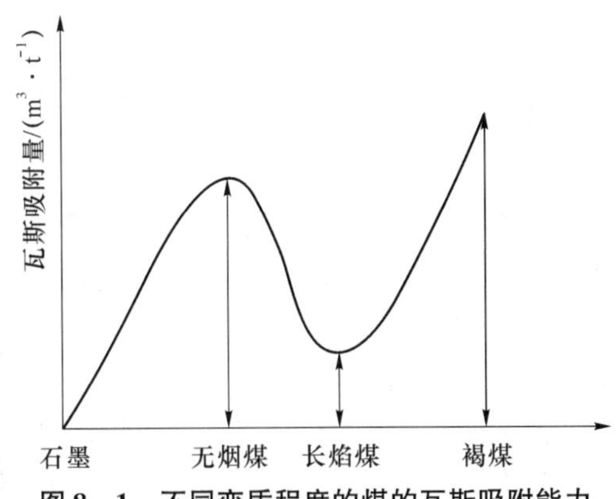

图8－1　不同变质程度的煤的瓦斯吸附能力

②围岩与煤层的透气性。在煤中瓦斯是有压力的，因此不断运移和排放，其速度与围岩和煤层的透气性有关。若围岩与煤层的透气性好，瓦斯排放条件好，则瓦斯含量小；相反则瓦斯含量大。有些煤田虽然形成时代相同，但围岩的透气性不同，导致瓦斯含量差别很大。如辽宁抚顺煤田，由于煤层顶板为致密巨厚油页岩，透气性差，所以煤层瓦斯含量较大。

③地质构造。地质构造是影响煤层瓦斯含量的主要因素。一般张性断层利于瓦斯排放，其附近煤层瓦斯含量较低，而具有封闭作用的压性断层，其附近煤层瓦斯含量较高。顶板致密的背斜轴部瓦斯含量较高，而向斜轴部则较低。如果顶板为脆性岩石且节理多，背斜轴部瓦斯含量较低，向斜轴部则较高。

④煤层埋藏深度。随煤层埋藏深度的增加，煤层瓦斯含量不断增大。矿井瓦斯涌出量与煤层埋藏深度的关系常用瓦斯压力梯度来表示，同一矿井瓦斯压力增加0.101 MPa的垂直距离称为瓦斯压力梯度。在同一矿区瓦斯压力梯度较稳定，可作为预测瓦斯涌出量的重要依据。

瓦斯压力梯度可用下式表示：

$$a=(H_1-H_2)/(Q_1-Q_2) \tag{8-1}$$

式中，a为瓦斯压力梯度，m/($m^3 \cdot t$)；H_1，H_2为瓦斯风化带以下两次测深，m；Q_1、Q_2为对应的相对瓦斯涌出量，m^3/t。

⑤地下水活动。地下水活动的区域，由于煤体的孔隙被地下水充满，煤层瓦斯含量降低；随着地下水的流动，瓦斯被排放导致煤层瓦斯含量降低。

岩浆侵入、煤层倾角、煤层厚度及煤层出露程度等因素都会影响煤层瓦斯含量。因此，在矿井瓦斯管理中，要结合煤矿的具体情况，找出影响煤层瓦斯含量的主要因素，作为预测瓦斯涌出量的参考依据。

2）煤层瓦斯含量的测定

煤层瓦斯含量是确定矿井通风系统、开拓系统、巷道断面大小、采煤方法以及瓦斯抽放设计等的重要依据。煤层瓦斯含量的测定有直接测定法和间接测定法两种。

（1）直接测定法。其是通过钻孔取样及解吸法测定煤样的实际瓦斯含量，进一步确定煤层瓦斯含量，包括气测井法、地勘解析法和井下钻屑解吸法等。

（2）间接测定法。其是通过实验室测定煤样的瓦斯参数，结合井下实测的瓦斯压力，用各种系数校正后通过计算得出煤层瓦斯含量。

3）瓦斯含量预测图

瓦斯含量预测图反映的主要内容有瓦斯取样点煤层的实际瓦斯含量、瓦斯含量等值线等。用煤层底板等高线图作为底图来分煤层编制瓦斯含量预测图，有从煤芯中抽取化验确定的瓦斯含量，也有自然状态下的煤层瓦斯含量。首先填绘取样点并着色，在各取样点旁标注瓦斯含量、高程、垂深，然后作瓦斯含量等值线并结合地质条件进行等值线外推。

4. 矿井瓦斯涌出

一般情况下，瓦斯以承压态存在于煤层中，因开采打破了煤层中原有的瓦斯压力的平衡，瓦斯由高压向低压处流入井巷及采掘空间，称为瓦斯涌出。瓦斯涌出分为普通涌出和特殊涌出。其中，矿井瓦斯在时间上与空间中缓慢均匀持久地从煤岩体内涌出叫作普通涌出；特殊涌出是指在时间上突然集中发生，瓦斯涌出量不均匀地间断涌出，包括瓦斯（二氧化碳）喷出和煤（岩）与瓦斯突出。

（1）瓦斯（二氧化碳）喷出是指从煤体或岩体裂隙、孔洞或钻眼中大量瓦斯（二氧化碳）异常涌出的现象。我国《煤矿安全规程》〔2016〕规定，在20 m巷道范围内，涌出瓦斯量大于或等于1.0 m^3/min，且持续时间在8 h以上时，该采掘区即定为瓦斯（二氧化碳）喷出危险区域。

（2）煤（岩）与瓦斯突出是在地应力和瓦斯的共同作用下，破碎的煤岩以及瓦斯（二氧化碳）由煤体或岩体内突然向采掘空间抛出的异常动力现象，简称突出。煤（岩）与瓦斯突出是煤矿井下发生的严重自然灾害之一，有时还可能产生冒顶、瓦斯爆炸和燃烧等次生灾害。我国是世界煤矿突出灾害最严重的国家之一，从1950年5月2日吉林省辽源矿务局富国矿西二井埋深305 m煤巷掘进工作面发生第一次有文字记载的煤与瓦斯突出以来，据不完全统计，截至2015年年底，共发生突出20 000余次，约占世界总突出次数的一半。一次突出煤岩量超过千吨特大型突出为140余次。

瓦斯突出的分类如下：

①按照突出的气体种类划分，瓦斯突出可分为甲烷（瓦斯）突出、二氧化碳突出以及甲烷（瓦斯）与二氧化碳混合气体突出。其中甲烷类型占绝大多数。

②按突出的固体种类，瓦斯突出可分为煤突出、岩石突出以及煤和岩石突出。其中，以煤突出占绝大多数。

③按照突出发生的采掘工程类别划分，瓦斯突出可分为石门（包括立井斜井及岩巷）揭穿煤层突出、煤巷（包括煤层平巷、煤层上下山）掘进突出以及采煤工作面突出。其中，以石门揭穿煤层突出的平均突出强度最高，煤巷掘进突出的总次数最多。

④按照突出强度（一次突出煤岩量）划分，瓦斯突出可分为小型突出（突出煤岩量小于10 t）、中型突出（突出煤岩量为10～99 t）、次大型突出（突出煤岩量为100～499 t）、大型突出（突出煤岩量为500～999 t）和特大型突出（突出煤岩量大于1 000 t）。

⑤按照突出动力原因划分，瓦斯突出可分为煤突然倾出并伴随强烈瓦斯涌出（以下简称“倾出”）、煤突然压出并伴随强烈瓦斯涌出（以下简称“压出”）和煤与瓦斯突出（以下简称“突出”）。

a. 倾出：煤在自重和地应力的共同作用下，突然抛出并有较强的瓦斯涌出动力现象，通常发生在厚及特厚煤层及急倾斜松软煤层中。主要特征有：倾出煤块大小不一且呈混杂状态，无分选现象；倾出的煤位于空洞下方，按自然安息角堆积；倾出后煤体留有舌形、袋形、梨形等孔洞，其轴线沿煤层倾斜或向铅垂（厚煤层）方向延伸；倾出常发生在煤质松软的急倾斜煤层中，倾出煤量一般为数吨到数十吨，个别可达百吨以上；倾出时伴有大量瓦斯涌出，可使工作面及风流瓦斯浓度超限，但一般无瓦斯逆流现象。

b. 压出：煤在地应力作用下，突然抛出并有较强的瓦斯涌出的动力现象，有煤体整体外移（鼓出）和碎煤抛出一定距离两种形式，通常距离和位移都不大。主要特征有：压出的煤呈碎块状或整体外移鼓出，无分选现象；压出后在煤与顶板间常出现缝隙，压出空洞呈口大腔小、外宽内窄的楔形、袋形和缝形，有时无孔洞；压出时伴有大量瓦斯涌出，能使工作面及风流瓦斯超限，但一般无瓦斯逆流现象；有较明显的动力效应，如折断支架、推移设备等，压出发生时常伴随底鼓；压出的煤堆积在原来位置的对面，堆积坡度一般小于自然安息角。

c. 突出：在地应力和瓦斯压力的作用下，突然抛出煤炭和瓦斯的动力现象。主要特征有：煤抛出的距离可达数米到数百米，堆积坡度小于自然安息角；突出的煤有明显的气体搬运特征，堆积煤的粒度及块度自下而上、由近及远逐渐变小，突出煤中含有大量细微粒；在大型及特大型突出的堆积煤顶部与巷道顶部之间，一般都留有排瓦斯气道；突出时有较强的瓦斯喷出，吨煤瓦斯涌出量远大于煤的瓦斯含量，有时会使风流逆转，特大型突出时瓦斯逆流可达千米以上，可使数千米巷道内充满高浓度瓦斯；突出的孔洞呈口小腔大的梨形、舌形、倒瓶形以及奇异的分岔形；有明显的动力效应，如形成冲击风暴，翻到折毁矿车、搬运提升巨石、破坏支架、推移损坏设施、摧毁通风设施等。

5. 矿井瓦斯涌出量及矿井瓦斯等级

1）矿井瓦斯涌出量

矿井瓦斯涌出量是指在开采过程中，煤层或围岩在单位时间内瓦斯的涌出量。矿井瓦斯涌出量是确定矿井瓦斯等级、矿井通风设计及通风与安全管理的依据。矿井瓦斯涌出量分为相对瓦斯涌出量和绝对瓦斯涌出量。其中，绝对瓦斯涌出量是指矿井在单位时间（分钟、小时或天）内涌出的瓦斯量，用 m^3/min、m^3/h、m^3/d 表示；相对瓦斯涌出量是指矿井在正常生产情况下，平均日产 1 t 煤的瓦斯涌出量，用 m^3/t 表示。

2）矿井瓦斯等级

我国《煤矿安全规程》〔2016〕规定，一个矿井只要有一个煤（岩）层发现瓦斯，该矿井就称为瓦斯矿井。瓦斯矿井必须依照矿井瓦斯等级进行管理。根据矿井相对瓦斯涌出量、矿井绝对瓦斯涌出量、采掘工作面绝对瓦斯涌出量和瓦斯涌出形式，矿井瓦斯等级可划分为以下几种：

（1）低瓦斯矿井。同时满足下列条件的，称为低瓦斯矿井：

①矿井相对瓦斯涌出量不大于 10 m^3/t；

②矿井绝对瓦斯涌出量不大于 40 m^3/min；

③矿井任一掘进工作面绝对瓦斯涌出量不大于 3 m^3/min；

④矿井任一采煤工作面绝对瓦斯涌出量不大于 5 m^3/min。

（2）高瓦斯矿井。具备下列条件之一的，称为高瓦斯矿井：

①矿井相对瓦斯涌出量大于 10 m^3/t；

②矿井绝对瓦斯涌出量大于 40 m^3/min；

③矿井任一掘进工作面绝对瓦斯涌出量大于3 m^3/min；

④矿井任一采煤工作面绝对瓦斯涌出量大于5 m^3/min。

（3）突出矿井。《煤矿安全规程》〔2016〕规定，在矿井井田范围内发生过煤（岩）与瓦斯（二氧化碳）突出或者经鉴定、认定为有突出危险的煤（岩）层为突出煤（岩）层，或者在矿井的开拓、生产范围内有突出煤（岩）层的矿井为突出矿井。

煤矿发生生产安全事故，经事故调查认定为突出事故的，发生事故的煤层直接认定为突出煤层，该矿井为突出矿井。

有下列情况之一的煤层，应当立即进行煤层突出危险性鉴定，否则直接认定为突出煤层，在鉴定未完成前，应当按照突出煤层管理：

①有瓦斯动力现象；

②瓦斯压力达到或者超过0.74 MPa；

③相邻的矿井开采的同一煤层发生突出事故或者被鉴定、认定为突出煤层。

煤矿企业应当将突出矿井及突出煤层的鉴定结果报省级煤炭行业管理部门和省级煤矿安全监察机构。新建矿井应当对井田范围内采掘工程可能揭露的所有平均厚度在0.3 m以上的煤层进行突出危险性评估，将评估结论作为矿井初步设计和建井期间井巷揭煤作业的依据。评估为有突出危险时，建井期间应当对开采煤层及其他可能对采掘活动造成威胁的煤层进行突出危险性鉴定或认定。每两年必须对低瓦斯矿井进行瓦斯等级和二氧化碳涌出量的鉴定工作，鉴定结果报省级煤炭行业管理部门和省级煤矿安全监察机构。上报内容应包括开采煤层最短发火期和自燃倾向性、煤尘爆炸性的鉴定结果。高瓦斯、突出矿井不再进行周期性瓦斯等级鉴定工作，但应当每年测定和计算矿井、采区、工作面瓦斯和二氧化碳涌出量，并报省级煤炭行业管理部门和省级煤矿安全监察机构。

在新建矿井设计文件中，应当有各煤层的瓦斯含量资料。

高瓦斯矿井应当测定可采煤层的瓦斯含量、瓦斯压力和抽采半径等参数。

6. 影响煤（岩）与瓦斯突出的地质因素

煤（岩）与瓦斯突出是各种因素综合作用的结果。如瓦斯含量、瓦斯压力、地应力及煤的物理力学性质等因素都与地质条件有关。

1）煤层埋藏深度

地压随深度的变化呈正比关系，煤层埋藏越深，煤（岩）与瓦斯突出的可能性就越大，突出次数越多，突出强度就越大。

2）地质构造

突出区域的煤层受构造影响，如褶皱带、断层附近倾角变化的转折点等煤层受强烈挤压，构造应力集中，采掘活动破坏了原地应力的平衡，导致残余地应力的突然释放，引起煤（岩）与瓦斯突出。

3）煤层厚度

我国多数突出煤层都是中厚煤层，特别是软煤层变厚的地点。突出井厚煤层比薄煤层突出危险性大。

4）煤岩类型

在自然状态下，大量的瓦斯以吸附态存在于煤体孔隙里，丝炭含量较大且呈连续层状分布，极易发生突出。

5）煤的结构和力学性质

一般来说，煤越硬，裂隙越小，所需的破坏力越大，地应力和瓦斯压力越大。在地应力和瓦斯压力一定的条件下，软分层的煤容易突出。

除以上因素外，煤（岩）与瓦斯突出还与应力变化强烈程度、冲击地压大小等因素有关。

7. 煤（岩）与瓦斯突出的预兆

煤（岩）与瓦斯突出预兆分为有声和无声预兆。

1）地压显现方面预兆

（1）煤体发出闷雷声、鞭炮声、机枪声、嘈杂声、沙沙声、嗡嗡声等；

（2）工作面压力增大，支架被压并发出响声和劈裂折断声；

（3）煤（岩）开裂、片帮、掉渣、底鼓、煤（岩）自行剥落等；

（4）煤壁颤动，手扶煤壁感到震动和冲击；

（5）钻孔变形、垮孔、顶钻、夹钻杆、钻机过负荷等。

2）瓦斯涌出方面的预兆

（1）瓦斯涌出异常，瓦斯浓度忽高忽低，涌出量忽大忽小；

（2）工作面空气气温降低，气味异常；

（3）煤壁温度下降，煤壁有水珠；

（4）打钻喷瓦斯、喷煤，钻孔有气体流过发出的哨声、风声、蜂鸣声等。

3）煤层结构与构造方面的预兆

（1）煤的层理紊乱，煤变暗淡、无光泽；

（2）煤层松软或强度不均匀，煤尘增大；

（3）煤层变厚，倾角变陡，挤压褶曲波状隆起；

（4）煤体干燥，顶底板阶梯状凸起等。

实际上，上述预兆并非同时出现，有时突出预兆不明显，要根据矿井具体生产条件和地质条件具体分析，总结规律，做到有效预防。

8.1.2　矿井瓦斯防治

1. 矿井瓦斯含量预测

一个井田内的不同煤层，其矿井瓦斯含量也可能不同，所以要分煤层进行矿井瓦斯含量预测。收集井田内瓦斯钻孔井下采样点位置及原始分析资料，编制瓦斯含量预测图。在绘瓦斯含量等值线时，应充分考虑地质构造因素对矿井瓦斯含量的影响，使预测结果符合实际。

2. 矿井瓦斯涌出量预测

预测方法有两类，一类是建立在数理统计基础上的统计预测法，它是根据矿井瓦斯涌出量与回采深度等参数间的统计规律，外推到预测区域中的瓦斯涌出量的方法；另一类是以煤层瓦斯涌出量为基础参数的分源计算法，以煤层瓦斯含量为预测的主要依据，通过计算井下各涌出源的瓦斯涌出量，对矿井瓦斯涌出量进行预测，如图8－2所示。

3. 防治煤（岩）与瓦斯突出的地质工作

防治煤（岩）与瓦斯突出的地质工作应重点放在预测预报方面。根据预测预报的工作范围和精度，可将突出预测预报分为以下三类：

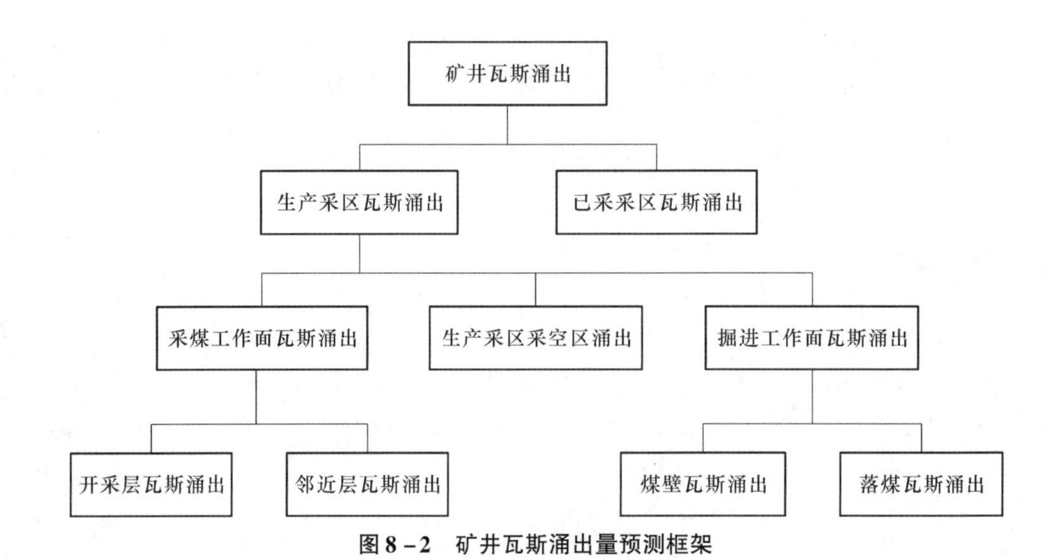

图 8-2　矿井瓦斯涌出量预测框架

（1）区域预测，简称预测。根据地质和瓦斯资料，在分析突出规律的基础上，预测矿井不同煤层和不同区域的突出危险程度，为合理制定瓦斯突出分区管理方案提供依据。

（2）局部预测，简称预报。在预测的基础上根据地质勘查和矿井地质资料进一步预测矿井或采区内局部地点的突出危险程度，作为制定防御措施和检验措施效果的依据。

（3）突出警报，简称警报。在预测、预报的基础上根据突出前的预兆及时对突出危险发出报警。

防治煤（岩）与瓦斯突出的具体工作内容包括以下几方面：

（1）做好突出点的地质编录。突出发生后应对突出地点进行观测，并作文字记录和描述。记录内容包括突出时间、地点、突出点高程、突出温度、距离、地表垂深，突出强度、巷道类别、突出前作业方式及所采取的措施、突出类型及突出前的预兆等。地质描述内容包括突出点和突出空洞所在煤层或分煤层位置，煤质及煤层结构，煤层顶底板岩性，煤层厚度及其变化，突出点附近的构造特征、岩层产状及其变化，与岩浆侵入体的关系等。文字说明与素描图配合，建立突出点记录卡片。

（2）编制突出点分布图。应及时将瓦斯突出点填绘到采掘工程平面图或其他地质图上，作为分析突出点分布规律的基础图件。图上应反映突出强度、瓦斯含量和瓦斯压力等数据，并对突出强度进行分级。

（3）收集瓦斯地质预报资料。其包括煤厚变化特征及具体位置，褶曲轴位置，煤尘、倾角变化点，断层交汇点和断层尖灭点，煤层结构，各煤层的煤（岩）物理性质特征及其变化，岩浆侵入体的具体位置等。

（4）分析瓦斯突出与地质条件的关系，查明突出危险区。通过分析突出点分布图和瓦斯地质预报资料，寻找突出规律，找出突出点与地质条件的关系。工作内容包括鉴别突出危险增大的标志，如煤层厚度及产状急剧变化、煤体结构变化等，查明突出前的预兆，如响煤炮、压力增大、片帮、瓦斯含量忽大忽小等。

（5）编制瓦斯突出预测图。在以上工作的基础上，对矿区或煤层突出危险程度进行分类，可以分为4类：无突出危险区、疑突出危险区、突出危险区、严重突出危险区。在瓦斯突出预测图上圈出突出危险程度的区域，预测发生突出的地点和强度。

我国《煤矿安全规程》〔2016〕规定，突出矿井必须编制并及时更新矿井瓦斯地质图，更新周期不得超过1年，图中应当标明采掘进度、被保护范围、煤层赋存条件、地质构造、突出点的位置、突出强度、瓦斯基本参数等，预测作为突出危险区和制定防突措施的依据。

任务实施

1. 矿井瓦斯的治理

矿井瓦斯的治理分为三种方法，即分源治理、分级分类治理和综合治理。

（1）分源治理：针对瓦斯来源，采取与之适应的治理措施。

（2）分级分类治理：按照瓦斯危险程度对掘进巷道进行分级分类，依据瓦斯危险类别进行治理。划出特别危险的工作面，以便集中注意力，提高工程技术人员、管理人员和操作人员的责任心，严格遵守《煤矿安全规程》〔2016〕、《煤与瓦斯突出细则》〔2019〕和作业规程等有关规定，对于瓦斯涌出特别危险的工作面，应采取特殊的管理措施和施工技术措施。

（3）综合治理：以消除瓦斯危险为方向，以确保作业人员人身安全为主要目标，预测瓦斯涌出形式和涌出量，编制与实施预防瓦斯综合措施，检查与评价措施效果以及应急预案等综合防治措施。

2. 煤（岩）与瓦斯突出的防治

防治煤（岩）与瓦斯突出是一项系统工程，需要大量的资金投入，先进的技术装备、专业的技术人才、高素质的专业施工队伍和高水平的专业管理能力。显然规模小的煤矿难以满足以上要求。

我国《煤矿安全规程》〔2016〕规定，新建突出矿井设计生产能力不得低于0.9 Mt/a且不得高于5.0 Mt/a。，第一生产水平开采深度不得超过800 m；生产矿井延伸水平开采深度不得超过1 200 m。突出矿井的防突工作，必须坚持区域综合防突措施先行，局部综合防突措施补充的原则。区域综合防突措施包括区域突出危险性预测、区域防突措施、区域防突措施效果检验和区域验证等内容。局部综合防突措施包括工作面突出危险性预测、工作面防突措施、工作面防突措施效果检验和安全防护措施等内容。

在突出井的新采区和新水平进行开拓设计前，应当对开拓采区或者开拓水平内平均厚度在0.3 m以上的煤层进行突出危险性评估，将评估结果作为开拓采区或开拓水平设计的依据。对评估为无突出危险的煤层，所有井巷揭煤作业还必须采取区域或者局部综合防突措施；对评估为有突出危险的煤层，按突出煤层进行设计。

对突出煤层的突出危险区必须采取区域防突措施，严禁在区域防突措施效果未达到要求的区域进行采掘作业。

施工中发现有突出预兆或者对发生突出的区域，必须采取区域综合防突措施。

若经区域验证有突出危险的，则该区域必须采取区域或者局部综合防突措施。

按突出煤层管理的煤层，必须采取区域或者局部综合防突措施。

在突出煤层进行采掘作业期间必须采取安全防护措施，如图8－3所示。

1）区域防突措施

区域防突措施主要有开采保护层、预抽煤层瓦斯和煤层注水等三种。

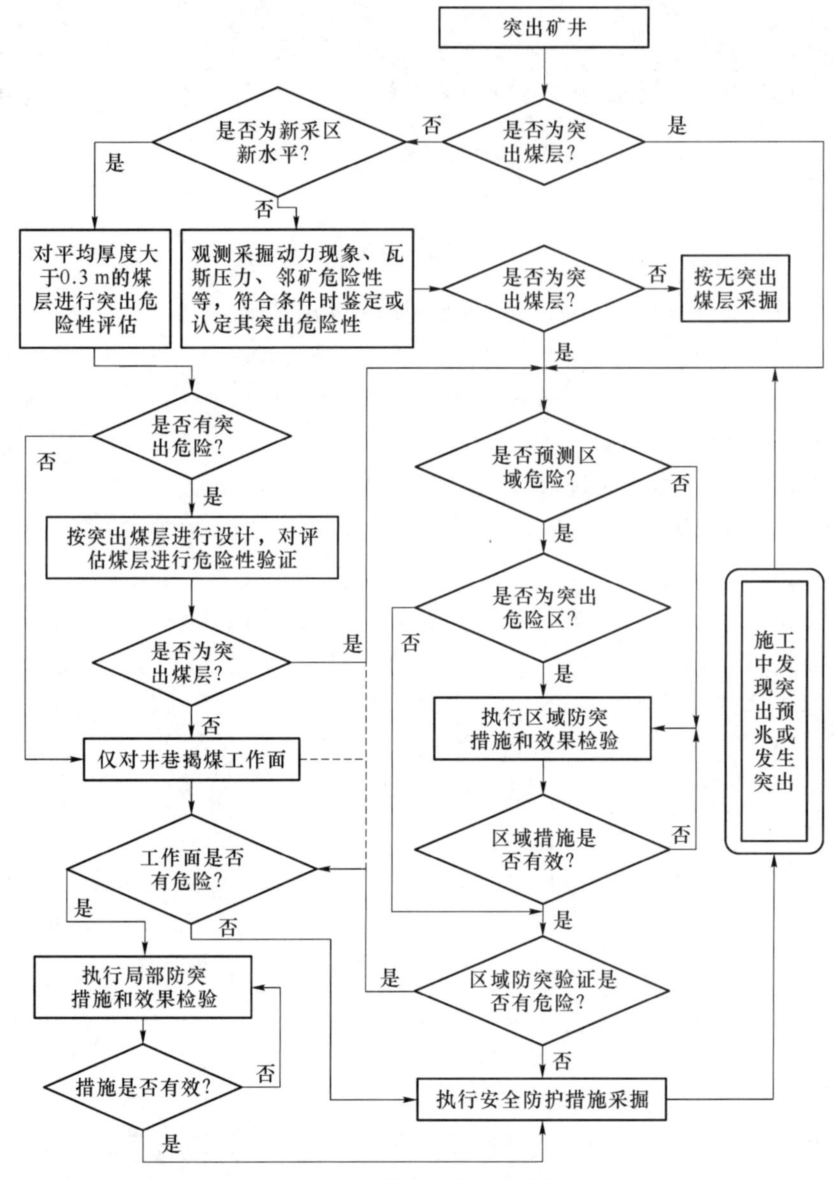

图 8－3　突出矿井防治突出程序

（1）开采保护层。在突出矿井中，预先开采无突出危险或突出危险较小的煤层，使距离它一定范围的突出危险煤层受采动影响而减少或失去突出危险性，这个先开采煤层称为保护层，后开采的煤层称为被保护层。《煤矿安全规程》〔2016〕规定，具备开采保护层条件的突出危险区，必须开采保护层。开采保护层后，在有效保护范围内的被保护层区域为无突出危险区，超出有效保护范围的区域仍然为突出危险区。迄今为止，开采保护层仍然是预防突出最有效、最可靠、最经济的措施。

（2）预抽煤层瓦斯。利用均匀布置在突出危险煤层的大量钻孔，经过一定时间的预抽煤层瓦斯，降低瓦斯压力与瓦斯含量，并增强煤体坚固性系数，当抽采达标时，突出危险的煤层就变成了无突出危险的煤层，并实现了煤与瓦斯两种资源共采。《煤矿安全规程》

〔2016〕规定，开采保护层时，应当同时抽采被保护层和邻近层的瓦斯。

（3）煤层注水。通过钻孔向煤体大面积均匀注水，使煤层湿润，增加煤的可塑性，降低瓦斯放散速度，以降低突出危险性。由于煤体结构和地质构造的存在，通过注水很难实现均匀湿润煤体。所以，可以把煤层注水与预抽瓦斯等配合使用作为辅助防突措施。

2）局部防突措施

井巷揭煤工作面的防突措施包括预抽煤层瓦斯和排放钻孔、金属骨架、水力冲孔和煤体固化等措施。

（1）预抽煤层瓦斯和排放钻孔。二者在防突机理方面是相似的，都是将突出煤层中的瓦斯压力和瓦斯含量降低到该煤层始突深度水平的突出临界值以下，这既可使抽排瓦斯有效半径范围内的煤与瓦斯完全丧失突出能力，又可使抽排钻孔有效卸压半径范围内的煤体地应力全面低于发动突出的水平。预抽煤层瓦斯借助瓦斯泵产生的小于大气压力的负压，从而加快突出煤层瓦斯压力和瓦斯含量的降低速度，有效卸瓦斯半径稍大，工作面瓦斯涌出量降低得较多，显著地改善了安全生产环境。排放钻孔是自然排放，没有负压作用，仅靠突出煤层瓦斯压力与处于敞开状态的排放钻孔大气压力差，效果稍差，有效卸瓦斯半径较小，工作面瓦斯涌出量降低得较少。煤体瓦斯含量降低后，煤体发生收缩变形，煤的坚固性系数提高，煤体稳定性改善，有效消除突出危险性。

（2）金属骨架。其主要作用是增加石门揭穿煤层时巷道上方煤层的稳定性和骨架钻孔排放煤体瓦斯，使骨架孔周围一定范围的瓦斯含量降低，煤强度和稳定性有所提高。但该措施不能把工作面附近煤体完全转变为无突出危险状态，它只能配合其他防突措施作为辅助措施使用。

（3）水力冲孔。借助水压快速破坏钻孔底前方的煤体，使钻孔周围的应力和瓦斯压力突变，诱发孔底内产生突出，由于钻孔空口断面小，因此孔内的突出是可控的。它适用于煤层在打钻时具有自喷能力并含有软分层，煤层坚固性系数小于0.5的突出煤层。

（4）煤体固化。在石门揭煤前，将固化材料注入预先在工作面周围布置好的钻孔内，增加煤体的防突强度，起到防突作用。由于煤体固化的范围有限，不能把工作面附近的煤体完全转变为无突出危险状态，它只能配合其他防突措施作为辅助措施使用。

《煤矿安全规程》〔2016〕规定，突出煤层采掘工作面经工作面预测后，可划分为突出危险工作面和无突出危险工作面。未进行突出预测的采掘工作面视为突出危险工作面。当预测为突出危险工作面时，必须实施工作面防突措施和工作面防突措施效果检验。只有经效果检验有效后，方可进行有效作业。

3）“四位一体”综合防突措施

其包括突出危险性预测、防突措施、防突措施效果检验和安全防护措施。

（1）突出危险性预测。其目的是确定有突出危险的区域和地点，使防突措施有的放矢。《煤与瓦斯突出细则》〔2019〕要求在各突出矿井中开展突出预测工作。

首先由矿井地测和通风部门收集相关的地质基础资料，共同编制瓦斯地质图，图中标明地质构造、采掘进度、煤层赋存条件、突出点的位置及强度以及瓦斯参数等，然后利用下列方法进行突出区域危险性预测：

①瓦斯地质统计法：根据已采区域突出点分布与地质构造的关系，结合未采区域的地质构造条件大致预测突出可能发生的范围。

②单项指标法：根据各矿区实测资料确定各种指标的突出危险临界值，无实测数据时可根据煤的破坏类型、煤的坚固性系数、瓦斯压力等进行预测。据不完全统计，我国各煤层始突深度的瓦斯压力都大于0.74 MPa，煤层瓦斯含量都大于10 m^3/t，所以上述两个指标可作为突出区域危险性预测指标。

③综合指标 D 和 K 法（抚顺煤科院）。综合指标 D 的计算公式为

$$D=(0.0075H/f)(p-0.74) \tag{8-2}$$

式中，D 为综合指标之一；H 为煤层开采深度，m；p 为煤层瓦斯压力，MPa；f 为煤层软分层的平均坚固系数。

综合指标 K 的计算公式为

$$K=\frac{\Delta P}{f} \tag{8-3}$$

式中，K 为综合指标之二；ΔP 为煤层软分层放散初速度指标。

综合指标 D 和 K 的区域危险临界值应实测确定，无实测数据时，可参照现行相关规定执行。

（2）防突措施。其指防止事故发生的第一道防线。防突措施仅在预测有突出危险的区段采用，预防突出事故的发生（具体措施同前）。

（3）防突措施效果检验。其目的是确保防突效果。防突措施效果检验的内容如下：

①已经竣工的防突措施是否达到了设计要求，是效果检验报告的重要内容之一；

②各检验指标的测定情况及指标值；

③根据实际检验指标值和突出预兆情况，对措施效果作出评价。

我国《煤矿安全规程》〔2016〕规定，工作面执行防突措施后，必须对防突措施效果进行检验。如果工作面防突措施效果检验结果均小于指标临界值，且未发现其他异常情况，就表明措施有效；否则必须重新执行区域综合防突措施或者局部综合防突措施。

（4）安全防护措施。其是局部综合防突措施中的最后一个关口。其目的是防止突出预测失误或措施失效而发生突出，避免人身伤亡事故。它可分为两种，一是落煤过程中引发突出概率最大的工艺，此时工作人员应远离现场，主要措施为远距离爆破、遥控采掘机械落煤等；二是在发生突出后，工作人员应有一套完整的生命保证系统，主要包括避难硐室、反向风门、隔离式自救器、压风自救装置等。

我国《煤矿安全规程》〔2016〕规定，井巷揭穿突出煤层或在突出煤层中进行采掘作业时，必须采取避难硐室、反向风门、隔离式自救器、压风自救装置、远距离爆破等安全防护措施。

思考与练习

1. 简述实习矿井的瓦斯防治措施。

2. 收集实习区高突矿井的下列资料：瓦斯含量、瓦斯涌出量、矿井瓦斯等级以及瓦斯抽放情况。

8.2 岩浆侵入煤层

知识要点

岩浆侵入体观测、探测方法及其对煤矿生产的影响。

技能目标

掌握岩浆侵入体的处理措施。

任务导入

在地质历史中，我国境内岩浆活动频繁，许多矿区都不同程度地受岩浆活动的影响，这使部分煤层受到破坏，煤炭储量减少，煤质变差，降低了煤的工业价值。受岩浆侵入体影响严重的矿区，因其硬度大而成为制约煤矿生产的主要地质因素。如山东某矿，由于受晚期燕山运动的影响，岩浆岩侵蚀煤层严重，地质构造复杂，煤层赋存极不规律，呈鸡窝状，厚度变化大，多数不可采。因此安全回收现有的煤炭资源、提高资源回收率、延长矿井服务年限，是煤矿技术管理的重要工作。

任务分析

岩浆侵入煤层对煤矿生产的影响程度因岩浆侵入体的产状、成分的不同而不同，因此采煤工程技术人员必须掌握岩浆侵入体的分布规律，查清岩浆岩侵入对煤矿生产的影响程度并采取相应的处理措施，减少煤炭资源损失，提高生产效率和安全管理水平。

相关知识

8.2.1 岩浆侵入煤层的一般特征

来自上地幔的岩浆沿着一定的通道向地表上升运移，部分在地壳薄弱处溢出或喷出，冷凝结晶成固态岩石，称为喷出岩，又称为火山岩；部分沿着岩层缝隙侵入地壳的不同深度而冷凝结晶成固态岩石，称为侵入岩。其中侵入煤层的侵入岩称为岩浆侵入体。岩浆侵入体对煤层的影响程度因其产状的不同而不同。

1. 岩浆侵入体的产状

岩浆侵入体的产状包括它的大小、形状以及与周围岩石的接触关系等，常见的有岩墙和岩床两种类型。

（1）岩墙。岩浆沿接近垂直于煤层及顶底板的构造裂隙侵入的墙状侵入体称为岩墙，如图8－4所示。岩墙在平面上呈带状分布，宽度为几十厘米至几米不等，有时达几十米，往往与主断裂的走向一致，成组出现，且彼此方向大致相同。由于岩墙受断裂控制，与煤层接触的面积较小，因此对煤层的影响范围较小。

（2）岩床。岩浆沿煤层层理的方向侵入的层状侵入体称为岩床，如图 8－5 所示。岩浆可沿煤层的顶底板侵入，或者沿煤层中间软弱层侵入，也可吞噬整个煤层。岩床形态多样，有树枝状、串珠状、层状、似层状和扁豆状等。岩床与煤层接触的面积较大，严重破坏煤层的连续完整性。我国受燕山运动影响的部分煤田，据矿井揭露的资料显示，以岩床的形式侵入太原组中下部的侵入体厚度达到 200 m 以上，局部吞噬煤层，严重影响采区和工作面布置。

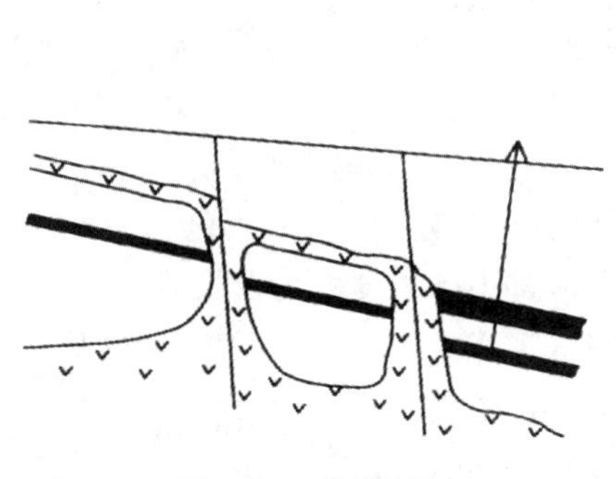

图 8－4　岩墙示意

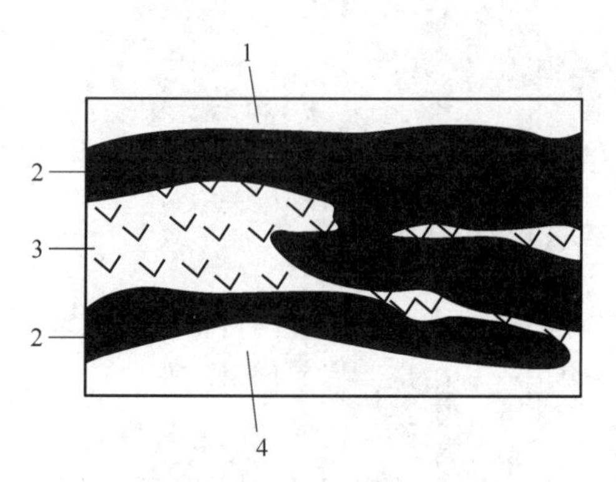

图 8－5　岩床示意

1—顶板；2—煤层；3—岩浆岩；4—底板

2. 岩浆侵入体的岩性

根据我国部分煤矿岩浆侵入体岩性资料，煤系地层中的岩浆侵入体岩性主要为基性和中性岩类，而酸性和碱性岩类较少，常见的有辉绿岩、辉绿玢岩、煌斑岩、微晶闪长岩、闪长玢岩、花岗斑岩、石英斑岩、细晶岩和正长斑岩等。

3. 岩浆侵入体的观测与探测

1）岩浆侵入体的观测

凡在井下揭露的岩浆侵入体都应进行详细的观测并画出素描图。其观测内容如下：

（1）岩浆侵入体的颜色、成分、结构、构造及名称，必要时采取样本在镜下鉴定成分；

（2）岩浆侵入体的产状、形态、厚度及延展范围；

（3）观察煤层被破坏的情况，包括岩浆侵入体与煤层的接触关系、煤的变质程度等，并对煤层进行采样分析；

（4）查明岩浆侵入体与断裂构造的关系。

2）岩浆侵入体的探测

由于岩浆侵入体变化多端，为指导采掘工作顺利进行，在侵入体分布区，要利用物探技术结合专门布置钻孔及探巷来探明侵入体的厚度及分布范围。

（1）当岩浆侵入体侵入厚煤层时，无论是沿顶板还是沿底板掘进，每隔一定距离均要探测岩浆侵入体和煤层厚度，得到完整的煤岩柱状图，最后编制剖面图，反映煤层和岩浆侵入体的分布范围。

（2）当岩浆侵入体侵入中厚及薄煤层时，可以在同一煤层，也可在邻近巷道中布置钻孔或探巷查明岩浆侵入体的范围。

（3）加强取样化验工作来查明岩浆侵入体附近的煤变质情况，还可以根据煤变质的规律变化来预测岩浆侵入体的分布，如图8－6所示。

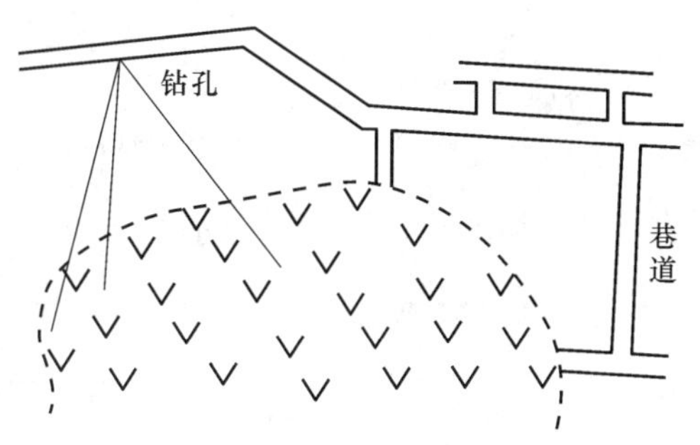

图8－6 钻探与巷探结合探测岩浆侵入体

通过观测和探测工作，对揭露岩浆侵入体的钻孔、巷道及取样化验等资料进行综合分析，编制反映岩浆侵入体分布和煤质变化情况的综合图件，如岩浆侵入体素描图、分布图、煤质等值线图及剖面图等，然后绘出岩浆侵入体分布和煤质预测图。利用综合图件结合文字说明，分析岩浆侵入体侵入煤层的破坏程度，并对新区域作出初步评价或预测，为合理布置采掘工程提供依据，为掘进巷道和找煤指明方向，也为研究本区的岩浆活动和煤变质作用提供有价值的资料。

8.2.2 岩浆侵入体对煤矿生产的影响

1. 岩浆侵入体对煤变质程度的影响

若岩浆侵入体侵入煤层，则会引起煤接触变质，并形成一个热力变质带。岩浆侵入体越接近，煤变质程度越高；岩床对煤层的影响范围较大，有的甚至吞蚀整个煤层；岩浆侵入体的岩性也影响煤变质程度，其对一般的基性岩（如辉绿岩）的影响程度较酸性岩（如石英斑岩）大，如图8－7所示。

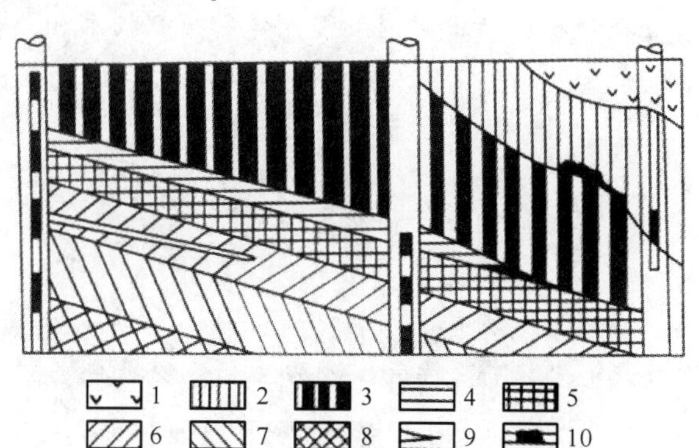

图8－7 煤层沿倾向分带（淮北张大庄矿）

1—辉绿岩；2—二级天然焦；3——级天然焦；4—无烟煤；5—贫煤；6—瘦煤；7—焦煤；8—焦肥煤；9—夹矸；10—采样点

2. 岩浆侵入体对煤矿生产的影响

（1）岩浆侵入体溶蚀煤层，减少煤炭可采储量，缩短矿井服务年限；

（2）岩浆侵入体使煤质变差，灰分增高，黏结性降低，使煤的工业价值降低；

(3) 岩浆侵入体破坏煤的连续性，影响采面合理布置，增加生产成本。

任务实施

煤矿生产中对岩浆侵入体的处理措施如下：

(1) 对岩墙的处理。若在主要巷道掘进中遇到岩墙，则直接穿过；若在回采工作面中遇到岩墙，则需要避开岩墙或重开切眼（图8-8）或划分为小工作面后再进行开采（图8-9）。

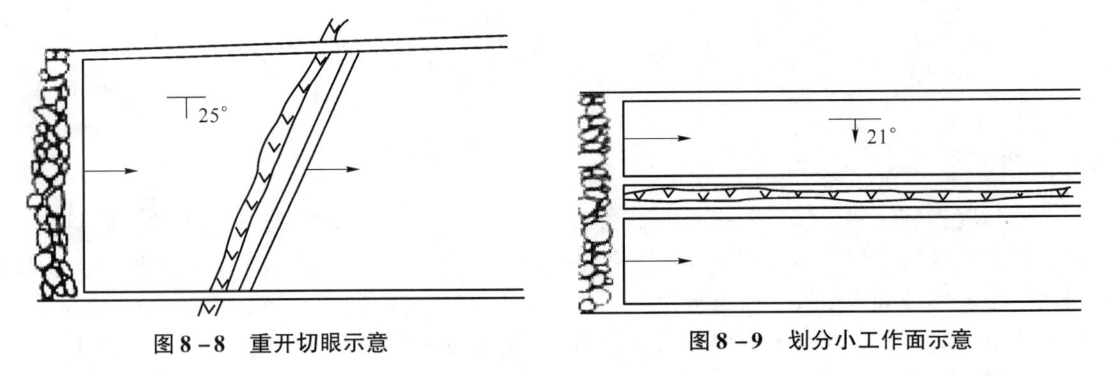

图8-8 重开切眼示意

图8-9 划分小工作面示意

(2) 对岩床的处理。对于较大范围的岩床，在布置采区和工作面时应尽量避开，作为不可采区域处理；对于串珠状岩浆侵入体，如果其对煤层造成的破坏不严重，可以直接推过，但要增加采面处理岩浆侵入体的工序；对于厚煤层中部的岩床，需要避开岩床再进行分层开采。

思考与练习

1. 岩浆侵入体对煤矿生产的影响有哪些？
2. 利用互联网平台查找煤矿生产中对岩浆侵入体的探测技术和处理措施。

8.3 岩溶陷落柱

知识要点

岩溶陷落柱的相关知识、岩溶陷落柱的探测方法和处理措施。

技能目标

掌握综合治理岩溶陷落柱的措施。

任务导入

在我国北方煤矿区普遍发育的岩溶陷落柱严重影响煤矿安全生产。1984年6月22日，开滦范各庄煤矿2171综采工作面发生世界采矿史上罕见的岩溶陷落柱透水灾害，最大涌水量为2 053 m^3/min，并危及邻近矿井。在井田范围内遇到岩溶陷落柱时，应如何处理才能保障安全生产？

任务分析

在我国华北、华东及西北地区的石炭二叠纪煤田中普遍发育大量的岩溶陷落柱，其中以山西省西山和汾河沿岸的煤田、河北省太行山中段的煤田最为发育。如山西省西山煤田，已发现岩溶陷落柱分布密度达到70个/km^2，总数达到1 300多个。当今高产高效的机械化采煤已经成为煤炭工业发展的主流，大量岩溶陷落柱的存在严重影响着采掘工程的合理设计，危及矿井安全生产，因此，采煤技术人员要查明岩溶陷落柱的出露特征、范围，为采区设计、工作面布置提供科学依据，掌握岩溶陷落柱的探测和处理方法，把岩溶陷落柱对生产的影响降到最低，使采掘作业顺利推进。

相关知识

8.3.1 岩溶陷落柱的概念及形成条件

1. 岩溶陷落柱的概念

水对可溶性岩石产生的作用，统称为喀斯特（岩溶）作用。以溶蚀作用为主，还包括流水的冲蚀、潜蚀以及坍塌等机械侵蚀过程。这种作用及其产生的现象统称为喀斯特。可溶性岩石有三类：碳酸盐类（石灰岩、白云岩和泥灰岩）、硫酸盐类（石膏、硬石膏和芒硝）和卤盐类（钾钠镁盐类岩石）。岩溶陷落柱是指煤系地层中下伏可溶性岩层，在地下水作用下形成溶洞，上覆岩层在重力作用下坍塌，形成筒状或似锥状柱体，又称为喀斯特陷落柱，简称陷落柱，俗称“矸子窝”或“无炭柱”，如图8－10所示。

图8－10 岩溶陷落柱示意

2. 岩溶发育的条件

岩溶是形成岩溶陷落柱的基本条件。岩溶发育必须具备以下四个基本条件：

（1）有可溶性岩（矿）层；

（2）有地下水的良好通道（如断层和裂隙）；

（3）有丰富饱和的侵蚀性水质；

（4）有地下水的排泄通道，岩石的溶解度越大、透水性越好，水的侵蚀能力越强，则岩溶越发育。

3. 岩溶陷落柱的形成过程

（1）重力作用过程。岩溶形成后破坏了原始岩层的稳定性，上覆岩层因重力而坍塌，直到重新达到平衡后坍塌作用暂时停止。

（2）物理、化学作用过程。岩溶陷落柱的形成与物理、化学作用分不开。如岩层内某些矿物的重结晶，硬石膏的水化作用使其体积增大30%以上，有机物的化学分解作用，如释放大量的水、二氧化碳及甲烷等物质，使岩层内部成分发生物理、化学变化，并使岩层破坏并垮落。如果地质和水文条件无变化，地下水的化学溶蚀、机械破坏和搬运作用会使岩溶进一步扩大。随着岩溶的进一步扩大，原来暂时稳定的岩（矿）层再次失衡而坍塌，使陷落高度不断增大。

（3）真空抽吸作用过程。在某些情况下，地下水的排泄和局部地壳的升降，使溶腔盖层底面由承压转为无压甚至负压，在溶洞内地下水面不断下降，产生强烈的抽吸作用，使上覆盖层向下陷落。

上述几个过程反复持续进行，使溶洞的盖层遭到破坏，失衡垮塌，从而形成塌陷数米、数十米乃至数百米的岩溶陷落柱。

8.3.2 岩溶陷落柱的特征

1. 岩溶陷落柱的形态特征

1）岩溶陷落柱的平面形态

岩溶陷落柱的平面形态是指岩溶陷落柱与地面、水平切面或煤层面的交面形态，一般呈椭圆形、圆形和不规则形。描述岩溶陷落柱的平面形态常用长轴和短轴长度的比值，且长轴往往具有一定的方向性，如图8－11所示。

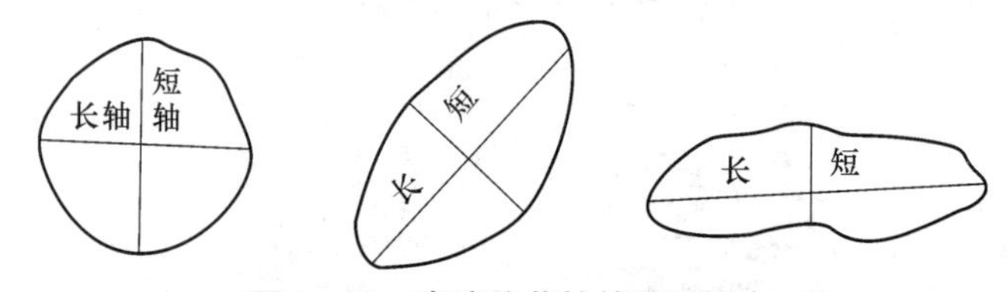

图8－11 岩溶陷落柱的平面形态

2）岩溶陷落柱的剖面形态

沿岩溶陷落柱中心轴切剖的岩溶陷落柱形态称为岩溶陷落柱的剖面形态。如果岩溶陷落柱穿过松软岩层（如第四纪冲积层），可呈上大下小的漏斗状，柱面与水平面夹角为40°～50°［图8－12（a）］；如果岩溶陷落柱穿过岩性均一的坚硬岩层（如砂岩、砂砾岩及石灰岩），就呈上小下大的锥形，锥面与水平面的夹角为60°～80°［图8－12（b）］；如果岩溶陷落柱穿过软硬相间不均一的岩层，就呈不规则形态，但总体上呈一锥形柱状［图8－12（c）］。

3）岩溶陷落柱的高度

从溶洞底到坍塌顶的垂直距离称为岩溶陷落柱的高度。它与溶洞的规模、裂隙的发育程度、地下水的排泄条件以及岩层的物理力学性质有关。岩溶陷落柱的塌陷高度可由几十米到一二百米，也有高达数百米的巨型岩溶陷落柱和仅几米的小型塌陷。现有资料表明，奥灰岩岩溶陷落柱高度（奥陶纪石灰岩顶到柱体顶）一般为200 m左右，大者可达600 m。

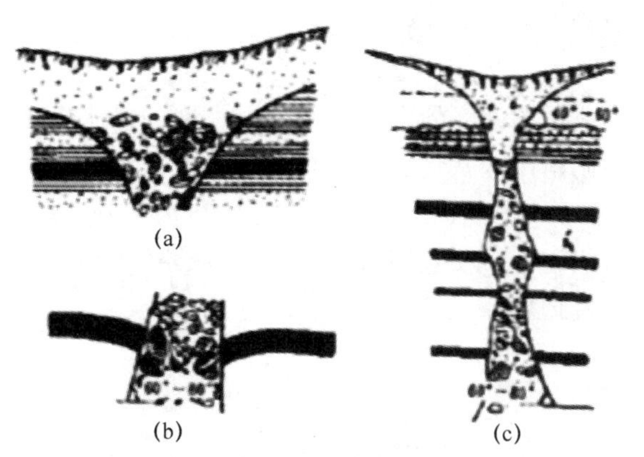

图8－12　岩溶陷落柱剖面形状示意

4）岩溶陷落柱的中心轴

岩溶陷落柱各水平面中心点的连线称为岩溶陷落柱的中心轴，如图8－13所示。岩溶陷落柱中心轴通常垂直于它所穿过的岩层层面，由于岩溶陷落柱所穿过的各岩层的裂隙发育程度、产状和岩层性质变化多样，因此中心轴大多数情况下都是斜歪的。准确掌握中心轴的倾伏角和倾伏向及变化规律，有利于准确预测深部煤层及延伸水平岩溶陷落柱的平面位置。

2. 岩溶陷落柱的地表出露特征

岩溶陷落柱出露地表时被坍塌的岩体与周围正常岩层的特征都不相同，在地貌上呈现各种奇异状态。

1）盆状塌陷

岩溶陷落柱出露地表后常呈盆状塌陷，并破坏了岩层的正常层序，大小岩体杂乱堆积。凹陷外的岩层层序正常，裂隙较发育，岩层产状稍有变化，均向凹陷中心倾斜。盆状塌陷常被黄土或生长茂盛的植被覆盖。

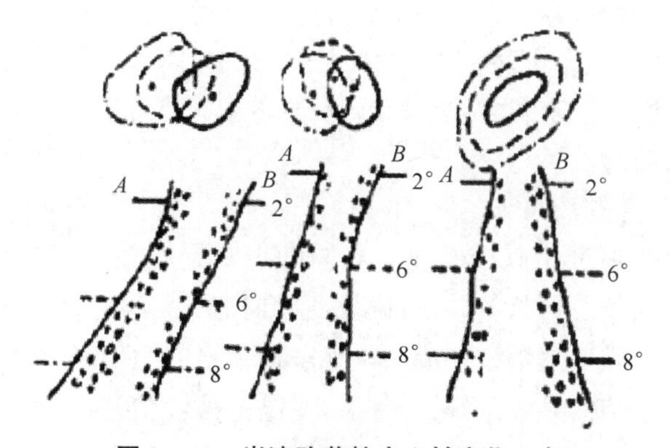

图8－13　岩溶陷落柱中心轴变化示意

2）丘状凸起

岩溶陷落柱出露地表后地貌上呈现丘状凸起，甚至为高山顶。岩层出露明显，岩性多为砂岩，岩溶陷落柱中心乱石堆积，周围地层向柱中心倾斜，在正常地层接触面上有滑面及擦痕，以及磨碎的粉末状岩粉，遇水成为软泥。这种地貌特征常见于山西的晋城和阳泉矿区。如晋城某矿井，在巷道中揭露的岩溶陷落柱，在地表特征表现为丘状凸起，地貌上为高山顶。这是由于岩溶陷落柱形成后地壳上升，地层出露地表，煤层上覆地层石盒子组和石千峰组砂岩碎块因坚硬、耐风化而造成的丘状凸起。

3）柱状破碎带

在沟谷两侧天然剖面或道路两旁的人工剖面上，常见一些柱状破碎带，这是岩溶陷落柱在地表的出露导致的。在山西矿区常见柱状破碎带。

4）特殊地貌形态

在黄土覆盖区，岩溶陷落柱常使表层黄土呈弧形阶梯状裂缝，有时呈圆形陷坑，此外岩溶陷落柱还能引起地表滑坡现象。

3. 岩溶陷落柱的井下特征

1）岩溶陷落柱的柱面特征

岩溶陷落柱与周围正常岩层的接触面称为岩溶陷落柱的柱面。它受岩层的岩石性质、结构及构造的控制。岩性均一的坚硬岩层，柱面多呈直立的平面［图 8－14（a）］；松软岩层与坚硬岩层互层，柱面多呈凸凹不平的锯齿状曲面，软岩层凹入，硬岩层凸出；如果上部岩层松软多水且裂隙发育，而下部岩层坚硬完整，则柱面常呈滑坡状曲面［图 8－14（b）］。

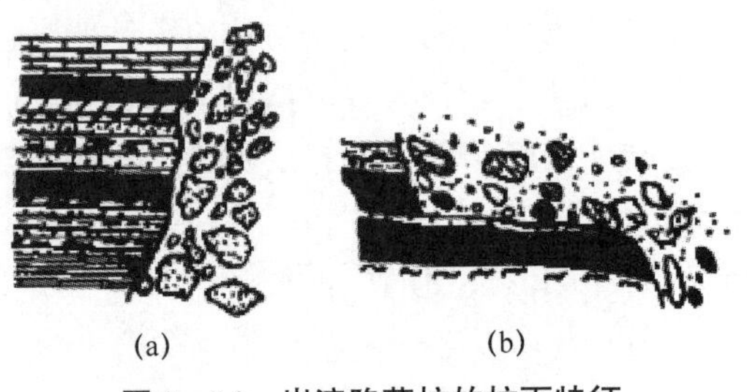

图 8－14　岩溶陷落柱的柱面特征

柱面与巷道顶面或底面的交线常为一弧线，根据弧线的方向和曲率变化可判断岩溶陷落柱的形状及大小。如果弧线的曲率大，岩溶陷落柱就小，相反，岩溶陷落柱就大；如果巷道沿岩溶陷落柱长轴穿过，则两侧弧线内凹，沿短轴穿过则两侧弧线较平直；若巷道穿过岩溶陷落柱的边部，则两侧交线一长一短，长的一帮指向岩溶陷落柱中心；若巷道沿岩溶陷落柱中部穿过，则两侧交线近似相等。根据上述情况，结合长轴方向和长岩溶短轴比值，可推测出岩溶陷落柱的平面形态（图 8－15）。

2）岩溶陷落柱的柱体组成特征

岩溶陷落柱由塌落岩块堆积胶结而成。与周围正常岩块相比，上覆岩块塌落于柱体内部，其层位较新，岩块大小及形状各异，且呈混杂堆积状态，被岩屑及煤屑等充填胶结。岩溶陷落柱胶结的好坏，由岩溶陷落柱形成的早晚、地下水的活动情况以及塌落岩层的岩石性质等因素决定。早期岩溶陷落柱胶结好，晚期岩溶陷落柱胶结差且较松散。地下水长期活动的岩溶陷落柱，煤粉和岩屑组成的软泥把岩块黏结起来，塌落岩块表面上及其间隙中常有铁质、钙质或高岭土等矿物质沉淀。

4. 岩溶陷落柱的分布特征

岩溶陷落柱具有明显的分区性和分带性。岩溶陷落柱与岩溶地下水活动的强烈程度有关，水文地质条件的差异性，导致岩溶陷落柱的形成在时间和空间上均有差别，其数量和规模都表现出明显的分区性。构造裂隙是地下水的良好通道，是溶洞存在的重要条件，因此岩溶陷落柱具有明显的分带性，常沿构造断裂带、褶曲轴，特别是断层交汇处密集分布。

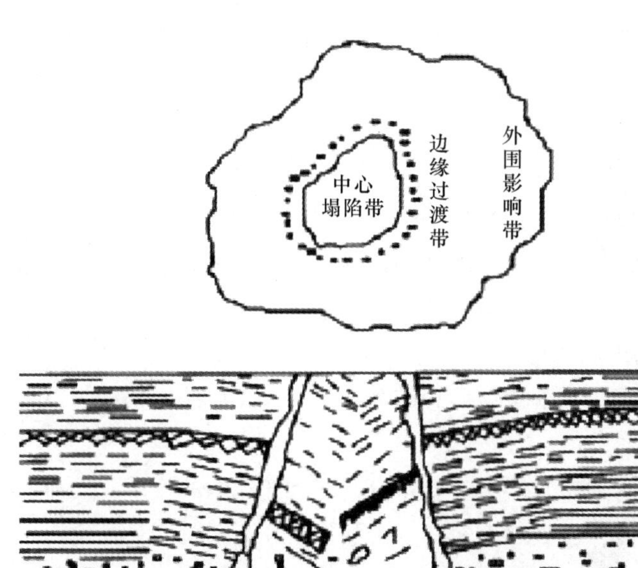

图8－15　岩溶陷落柱的平面、剖面对比

8.3.3　岩溶陷落柱的观测及探测

1. 井下遇岩溶陷落柱的预兆

1）煤岩层产状发生变化

岩溶陷落柱在塌陷过程中，由于牵引作用使围岩向塌陷中心倾斜，倾角变化一般为4°～6°，个别达10°以上，影响范围一般为15～20 m，少数可达30 m。

2）裂隙和小断层增多

在塌陷过程中，岩溶陷落柱周围煤岩层产生大量裂隙和小型正断层。裂隙走向平行柱面的切线方向，倾角较陡，倾向岩溶陷落柱中心，断层落差很小，均在0.5 m以内，走向延展小于20 m，在裂隙中常有黏土、碳酸钙和氧化铁等充填物，如图8－16所示。

图8－16　岩溶陷落柱周围小断层示意

3）出现风氧化煤

由于地下水的作用，岩溶陷落柱附近的煤常出现风氧化现象。风氧化煤光泽暗淡，灰分增高，强度降低，呈粉末状。风氧化程度和影响范围与岩溶陷落柱的大小、裂隙发育和地下水活动有关。岩溶陷落柱越大、裂隙越发育、距岩溶陷落柱越近、水量越大，影响范围越大。

4）涌水量增大

岩溶陷落柱既可以储水，又是良好的导水通道。在岩溶陷落柱发育的矿区内，采掘前方出现淋水增大，往往是接近岩溶陷落柱的预兆。如果岩溶陷落柱穿过含水层，就会把地下水导入矿井。

2. 岩溶陷落柱的观测方法

对岩溶陷落柱的观测和编录，可总结为“五查”“五看”“五定”的工作方法。

1）五查

一查岩溶陷落柱周围煤岩层中裂隙发育情况和充填物的性质；二查岩溶陷落柱周围煤质的变化范围和风化程度；三查邻近岩溶陷落柱的水和瓦斯的变化情况；四查岩溶陷落柱周围小断层的发育情况和产状特征；五查矿区岩溶陷落柱的发育和分布规律。

2）五看

一看岩溶陷落柱与煤岩层接触面的形态；二看岩溶陷落柱与煤岩层接触带充填物的性质；三看岩溶陷落柱内岩块的性质、形状、大小、排列方式和层位时代；四看岩溶陷落柱周围煤岩层的产状变化；五看岩溶陷落柱面与巷顶交线的弯曲方向和曲率。

3）五定

一定岩溶陷落柱的部位；二定岩溶陷落柱的形状；三定岩溶陷落柱的大小；四定巷道避开岩溶陷落柱的距离；五定处理岩溶陷落柱的措施。

3. 岩溶陷落柱的预测

1）岩溶陷落柱分布规律的预测

由于断裂构造是地下水的通道，是形成岩溶的重要条件之一，因此矿区内岩溶陷落柱多沿断裂带分布；矿区不同地段的地质和水文地质的条件存在差异，导致岩溶发育的分区性明显。因此，岩溶陷落柱集中分布在地下水强径流带内以及断裂构造交汇处。

2）已知岩溶陷落柱的推延预测

根据上部揭露岩溶陷落柱资料，预测延伸水平或者深部煤层中的岩溶陷落柱的位置、形状和大小，或者根据矿井内部揭露的资料，预测整个岩溶陷落柱的形状和大小。

4. 岩溶陷落柱的探测

为了准确确定岩溶陷落柱的位置和范围，在观测基础上必须借助以下手段进行探测：

(1) 钻探。在地表可用钻探验证异常区是否存在岩溶陷落柱；在井下，可用钻探探测巷道周围或回采工作面内是否存在岩溶陷落柱。

(2) 物探。在岩溶陷落柱发育的矿区利用物探技术探测岩溶陷落柱，如雷达及微重力勘探等技术。例如根据煤层与岩溶陷落柱对电磁波不同的吸收作用，在西山、阳泉、汾西及通化等矿区，用坑道无限电波透视法探测岩溶陷落柱取得了良好效果；在山西部分矿区，根据岩溶陷落柱发育区反射波的特点，用高分辨率地震探测技术，判断岩溶陷落柱的空间形态和位置均取得了良好效果。

任务实施

1. 岩溶陷落柱对煤矿生产的影响

(1) 破坏可采储量，减少煤炭储量。由于岩溶陷落柱本身和周围的煤层不能开采，煤炭储量减少。如山西汾西富家滩西矿，陷落柱造成的煤炭损失占全矿总储量的53%。

(2) 影响正规开采。由于陷落柱的存在，无法布置正规采面。如西山煤田的杜儿坪矿生产区发现岩溶陷落柱400多个，其中东翼一盘区岩溶陷落柱总体面积占盘区面积的11%，限制了采掘机械的有效使用，降低了生产效率。

(3) 影响采掘施工。岩溶陷落柱的存在增加了巷道掘进率和支护难度。岩溶陷落柱使开采条件复杂、回采率降低，特别是对高产高效机械化采煤不利。如西山煤田的杜儿坪矿一个回采工作面由于遇到直径为30 m的岩溶陷落柱，造成工作面停产搬家49天，无效进尺1 027 m，经济损失达294万元。

(4) 影响安全。岩溶陷落柱是地下水和瓦斯的通道，使地质构造复杂化，影响生产安全。如1996年皖北某矿首采工作面由于岩溶陷落柱导水，造成特大水灾，涌水量最大达到34 570 m^3/h，矿井全部被淹，造成了巨大的经济损失。

2. 岩溶陷落柱的处理

(1) 在设计采区和工作面时，尽量把岩溶陷落柱留在煤柱里，这样既减少了损失，又保障了安全生产。

(2) 掘进时遇岩溶陷落柱时，主要巷道（开拓巷道和采取运输巷道等）为了满足设计要求，可以直接穿过岩溶陷落柱，但要采取预防水、瓦斯事故的安全措施。如果是回风巷，采取绕过的方法，可同时起到探明岩溶陷落柱的作用。

(3) 在回采工作面中遇到岩溶陷落柱时，首先探明其位置、形状和大小，然后采取措施。根据岩溶陷落柱的不同位置开斜切眼，回采时摆尾开采，将工作面调整到正常位置；在工作面中部遇到小型岩溶陷落柱时可以直接推过，对大型的岩溶陷落柱需要另开切眼，搬家跳过岩溶陷落柱继续回采；在工作面右上角交叉处遇到岩溶陷落柱时要采取缩短工作面长度或减小留尾进尺的办法避开岩溶陷落柱，如图8－17所示。

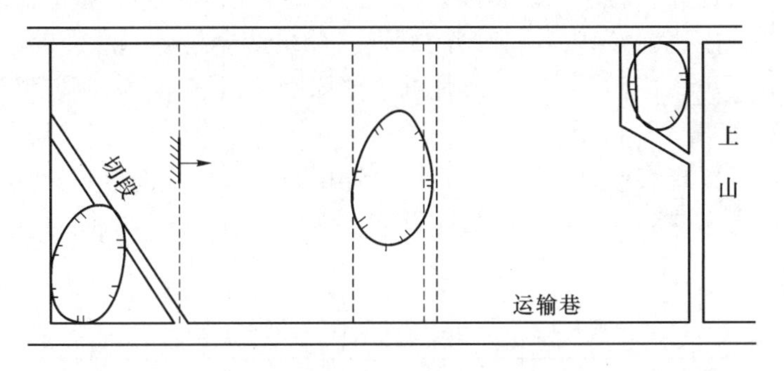

图8－17 回采工作面处理岩溶陷落柱示意

思考与练习

收集实习煤矿岩溶陷落柱的相关资料，熟悉综合治理岩溶陷落柱的措施。

8.4 煤层自燃与煤尘

知识要点

煤层自燃及影响因素、煤尘爆炸条件。

技能目标

掌握预防煤层自燃和煤尘爆炸的技术措施。

任务导入

煤层自燃和煤尘是影响煤矿安全生产的重要因素。预防煤层自燃火灾和煤尘爆炸等灾害事故是安全管理的重要部分。另外，工作环境的粉尘浓度直接关系到作业人员的身心健康。那么，煤层为何会自燃？如何控制煤尘超标并预防煤尘爆炸？

任务分析

煤层自燃是引起井下火灾的直接原因，直接关系到矿井开拓系统、采煤方法和通风方式的选择，影响支护和采空区管理等，而煤尘浓度直接影响作业环境，煤尘爆炸会引起瓦斯爆炸等连锁反应，所以熟悉煤尘爆炸性和煤层自燃倾向性，掌握预防煤自燃和煤尘爆炸的技术措施，对矿井安全管理和高效生产至关重要。

相关知识

8.4.1 煤层自燃及其倾向性

残留在采空区的碎煤和煤柱，以及接近露头的煤层，由于与空气接触而氧化生热，热量不断积聚致使煤的温度逐渐升高，达到煤的燃点，煤层就会自燃，这种现象称为煤层自燃。煤层自燃是引起井下火灾、瓦斯和煤尘爆炸的主要原因。据统计，我国曾发生煤层自燃的矿井达47%，侏罗纪煤田尤为严重。

煤层自燃倾向性是指煤层自燃的难易程度。煤层自燃倾向性的鉴定必须委托有资质的单位进行，鉴定方法大多建立在确定煤的氧化性能的基础上。表8－2所示为煤层自燃倾向性等级。

表8－2 煤层自燃倾向性等级（方案）

煤层自燃等级	煤层自燃倾向性	30 ℃常压条件下煤吸氧量（干燥）/($cm^3 \cdot g^{-1}$)		
		褐煤、烟煤类	高硫煤、无烟煤类	
Ⅰ	易自燃	≥0.8	≥1.00	全硫（Std/%）>2.00
Ⅱ	自燃	0.41～0.79	≤1.00	全硫（Std/%）>2.00
Ⅲ	不易自燃	≤0.40	≥0.80	全硫（Std/%）<2.00

依据《煤矿安全规程》〔2016〕的规定，煤层自燃倾向性分为易自燃、自燃和不易自燃三类。新设计矿井应当将所有煤层的自燃倾向性鉴定结果报省级煤炭行业管理部门及省级煤矿安全监察机构。生产矿井延伸新水平时，必须对所有煤层的自燃倾向性进行鉴定。开采自燃、易自燃煤层的矿井，必须编制矿井防灭火专项设计，采取综合预防煤层自然发火的措施。

8.4.2　影响煤层自燃的因素

煤层自燃倾向性和开采技术条件是决定矿井或煤层自燃危险程度的主要因素。

1. 影响煤层自燃的内因

1）煤的孔隙率和脆性

煤的孔隙率越大，煤体内部吸氧能力越强，煤层越易自燃。变质程度相同的煤，其脆性越大，越易于破碎，煤层越易自燃。

2）煤岩成分

煤岩成分有丝煤、暗煤、亮煤和镜煤四种。其中丝煤含量越多，煤层自燃倾向性越大，越易自燃；而暗煤含量越多，煤层越不容易自燃。

3）煤中的水分

煤中的水分是影响其氧化进程的重要因素，水分足够大时会抑制煤层自燃，但失去水分后煤层自燃危险性将会增大。

4）煤的变质程度

各种牌号的煤都有发生自燃的可能，褐煤自燃发火较多，烟煤中以低变质的长焰煤和气煤的自燃危险性较大，高变质的烟煤以贫煤自燃危险性较小，开采无烟煤矿井自燃发火较少见。所以，随着煤化程度的增加，煤层自燃倾向性越小，但决不能以煤化程度作为判定煤层自燃倾向性的唯一标志。生产实践证明，煤化程度相同的煤有的具有自燃特性，有的却不自燃。

5）煤的含硫量

同牌号的煤中，含硫矿物（特别是黄铁矿）越多，越易自燃。统计资料表明，含硫大于3%的煤层均为自燃煤层，其中包括无烟煤。如贵州的六枝、四川的芙蓉、江西的萍乡等矿均属于自燃发火较严重的矿井。

2. 影响煤层自燃的地质因素

影响煤层自燃的地质因素主要包括以下几方面：

(1) 倾角：煤层倾角越大，自燃危险性就越大；

(2) 煤层厚度：煤层越厚，越易积聚热量，煤层越易自燃；

(3) 地质构造：在地质构造复杂的地区，包括断层、褶皱发育地带、岩浆入侵地带，煤层易自燃；

(4) 顶板岩石的性质：坚硬难垮落型顶板，矿山压力主要集中在煤层和煤柱上，使煤体易破碎自燃，采空区充填不实，漏风大且封闭不严，自燃危险性大；而松软易跨落型顶板，采空区充填实，漏风小，自燃危险性小。

3. 影响煤层自燃的开采技术因素

开采技术是影响煤层自燃的重要因素，主要包括以下几种：

(1) 开拓方式：实践经验表明，采用石门、岩巷开拓，厚煤层开采岩巷进入采区，少切割煤层、少留煤柱时，会降低煤层自燃的危险性。

（2）采煤方法：巷道布置简单、煤炭回收率高且推进速度快，煤层自燃危险性就小。丢煤越多、丢失的浮煤越集中、工作面的推进速度越慢，煤层越容易自燃。

（3）通风条件：漏风会促进煤的氧化自燃，采空区、煤柱和煤壁裂隙漏风越小，且漏风强度越小，散热越快，煤层自燃的危险性就越小。

影响煤层自燃的内、外因素很多，煤层自燃必须同时具备4个条件：①煤有自燃倾向性；②煤层以破碎状态存在；③有连续供氧条件；④有积聚热量的环境。预防煤层自燃，可以从煤层自燃的条件入手。

8.4.3 煤层自燃的防治措施

1. 早期识别煤炭自燃

煤层自燃的早期发现，有利于避免自燃火灾的发生，早期识别煤层自燃的方法有以下两种。

1）人体识别煤层自燃

（1）视力感觉：巷道中出现雾气或者巷道壁及支架上出现水珠，表明煤已经进入自燃阶段。

（2）气味感觉：如果在巷道或采煤工作面有煤油、汽油或焦油的气味，表明此处风流上方某处煤自燃已经发生且温度已达到100 ℃～200 ℃。

（3）温度感觉：感觉温度高、闷热，用手触摸煤壁或巷道壁感觉发热或烫手，触摸煤壁内涌出的水感觉较热，说明煤壁内煤已经自燃。

（4）身体不适：人员在井下某些地区出现头痛、闷热、恶心、精神疲乏、裸露皮肤轻微疼痛等不舒服的感觉，表明附近煤已经自燃。

例如，四川某矿“6·14”较大瓦斯事故，其直接原因系石门揭煤期间和揭煤后，对揭煤前施工的密集的穿层抽采和排放钻孔破坏原生煤体未采取可靠的预防自然发火措施，事故巷道轮廓线以外深处破碎、疏松煤体氧化、蓄热，通过施工钻孔时导通，高压压风又加速煤层自燃，产生大量高浓度CO，并从事故巷道顶部裂缝涌出，导致回风巷中4人因CO中毒死亡。

2）气体分析法

用仪器检测指标气样的浓度变化来预测煤层自燃。指标气样有CO、C_2H_4、C_2H_2、C_2H_6、C_3H_8等。可以通过束管监测系统，也可以用煤矿环境监测系统进行早期预报。

2. 综合预防煤层自燃的技术措施

开采易自燃和自燃煤层的矿井，煤层自燃的危险性大，必须根据采煤方法、巷道布置、巷道支护和防灭火条件与编制的防灭火专项设计，采取综合防治措施，主要包括：

（1）在开采技术方面，选择有利于防止煤层自燃的合理开拓方式、巷道布置、采煤方法、回采工艺和开采程序，加强采掘工作面顶板管理和巷道维护工作，尽量减小煤层切割量，提高回采率，加快采掘工作面推进速度等，不给煤层自燃提供碎煤堆积条件。

（2）在通风管理方面，采用有利于防止煤层自燃的合理通风方式，降低通风负压，尽可能减少或杜绝漏风，不给煤层自燃创造供氧条件。但是必须指出，由于煤是有机可燃物，煤的氧化是其固有属性，只存在难易差别，因此，不能忽视不易自燃煤层的自燃防治。

8.4.4 煤尘

矿山建设和生产过程中所产生的各种煤岩石微粒总称为煤尘或粉尘。作业场所空气中的粉尘（总粉尘、呼吸性粉尘）浓度应当符合要求，见表8－3。当煤尘浓度超过规定值时，除了引起矽肺病等职业病、影响作业环境安全和人体健康外，其主要危害在于悬浮空气中的煤尘在一定条件下可以引燃或爆炸，造成重大人员伤亡事故。因此研究影响煤尘爆炸因素、评定煤尘爆炸性强弱，对于制定矿井防爆、隔爆措施，预防重大灾害具有重要意义。

表8－3 作业场所空气中的粉尘浓度要求

粉尘种类	游离二氧化硅含量/%	时间加权平均容许浓度/（mg・m^{-3}）	
		总粉尘	呼吸性粉尘
煤尘	<10	4	2.5
矽尘	10～50	1	0.7
	50～80	0.7	0.3
	≥80	0.5	0.2
水泥尘	<10	4	1.5
注：时间加权平均容许浓度是以时间加权数规定的8 h工作日、40 h工作周的平均容许接触浓度。			

我国《煤矿安全规程》〔2016〕规定，煤矿必须对生产性粉尘进行监测。对于总粉尘浓度，井工煤矿须每月测定2次，露天煤矿每月必须测定1次；对于粉尘分散度，必须每6个月测定1次；对于呼吸性粉尘浓度，必须每月测定1次；对于粉尘中游离二氧化硅含量，必须每6个月测定1次，在变更工作面时也必须测定1次；对于开采深度大于200 m的露天煤矿，在气压较低的季节应当适当增加测定次数。

1. 影响煤尘爆炸的因素

煤尘的浓度、粒度、瓦斯含量与氧气浓度、引火方式和巷道中的落尘分布情况等因素都会影响煤尘爆炸。空气中瓦斯浓度越高，煤尘爆炸下限越低；点燃源的热量越大，越易点燃煤尘；煤尘的飞扬性随着粒度的减少而增强，飞扬越强越容易形成爆炸的煤尘云，易于产生煤尘爆炸。煤尘落在顶板和棚梁上时容易再次飞扬，比落在两帮与底板上的煤尘危险性大；巷道的潮湿程度、风速大小也对煤尘大小有影响。煤尘的挥发分、水分、含有的灰分、含硫量以及含有的惰性气体等影响煤尘爆炸下限；若煤尘挥发分增高，则煤尘爆炸下限降低，强度增大，煤尘中的水分有抑制煤尘爆炸的作用，煤尘中的水分足够大到手捏不散的程度才能阻止煤尘爆炸；煤层中硫分越高，煤尘爆炸性越强，高硫分可使原无爆炸性的煤尘具有爆炸性；煤中的灰分越高，发生燃烧与爆炸的可能性越小。

2. 煤尘爆炸性鉴定

煤尘爆炸是煤矿重大灾害之一，然而并非所有煤层的煤尘都具有爆炸性，即使有爆炸危险性的煤尘，其爆炸危险性的强弱也有区别。煤尘爆炸的鉴定工作由具有相应资质的单位负责。鉴定方法有两种，一种在大型煤尘爆炸试验巷道中进行，此方法准确可靠，但工作繁重复杂，所以一般作为标准鉴定用，另一种方法是在实验室内使用大管状煤尘爆炸性装置进行鉴定，并根据鉴定结果确定煤尘是否具有爆炸性。

矿井中只要有一个煤层的煤尘具有爆炸性，该矿井就定为有煤尘爆炸危险性的矿井。根据煤尘爆炸危险性实验，我国有80%左右的煤矿属于有煤尘爆炸危险性的矿井。

《煤矿安全规程》〔2016〕规定，新建矿井或者生产矿井每延伸一个新水平，应当进行一次煤尘爆炸性鉴定工作，鉴定结果必须报省级煤炭行业管理部门和煤矿安全监察机构。煤矿企业应当根据鉴定结果采取相应的安全措施。

任务实施

预防煤尘和煤尘爆炸的措施

（1）减降尘措施：通风除尘、湿式作业、密闭抽尘、净化风流和个体防护等。

（2）防煤尘引燃措施：防明火、防电火、防放炮火花、防摩擦火花、防煤尘干燥而自身引爆等。

（3）隔绝煤尘爆炸措施：及时清除落尘，撒布岩粉，设置水棚、岩粉棚，设置自动隔爆棚等。

思考与练习

1. 结合实习矿井安全生产现状，简述预防煤尘爆炸和煤层自燃的技术措施。

2. 收集校企合作矿井在预防灾害事故方面的资料，并结合现代化矿井对安全管理的要求，对实习矿井提出合理化建议。

8.5 冲击地压

知识要点

冲击地压的分类和预兆及其对煤矿生产的影响。

技能目标

掌握防治冲击地压的技术措施。

任务导入

下面是河南某矿发生的一起严重冲击地压事故：

该矿开采侏罗系义马组含煤地层的2号煤。事故发生在距地表垂深800 m的掘进工作面，该面以综掘方式沿底板掘进至710 m处，在作业人员没有发现任何征兆的情况下，响煤炮发生重大冲击地压事故（简称“11·3”重大冲击地压事故），造成10人死亡、64人受伤，直接经济损失达2 748.48万元。

煤矿开采与冲击地压存在什么关系？如何预防冲击地压事故的发生？

任务分析

据了解，世界上几乎所有国家的煤矿都不同程度地受到冲击地压的威胁。1738年英国在世界上首先报道了煤矿中所发生的冲击地压现象。以后在苏联、南非、德国、美国、加拿大、印度、英国等几十个国家和地区，冲击地压现象时有发生。在中国，冲击地压最早于1933年发生在抚顺胜利煤矿。随着我国煤矿开采深度的不断增加，开采强度不断加大，冲击地压矿井分布越来越广，北京、抚顺、枣庄、开滦、大同、北票、南桐等矿区多次发生冲击地压事故并导致人员伤亡。据不完全统计，中国有冲击地压倾向的矿井占20%以上，2000年以来，全国煤矿发生冲击地压事故300余起，伤亡人数超过500人。随着开采向深部转移，冲击地压灾害已经成为安全高效开采面临的重大难题。中国是世界上冲击地压灾害最严重的国家之一。要从源头上防治冲击地压事故，采掘工程技术人员需要掌握冲击地压的规律，合理制定防冲设计，采取有效措施预防冲击地压事故的发生。

相关知识

8.5.1 冲击地压的分类及特征

冲击地压又称为岩爆，是指井巷或工作面周围的煤岩体在采掘扰动的作用下，由于弹性变形能突然释放而产生的突然、剧烈破坏的灾害动力现象。其常伴有煤岩体抛出、巨响及气浪等现象。它具有很大的破坏性，经常造成支架折损、片帮冒顶、巷道堵塞、人员伤亡，对安全生产威胁巨大，是煤矿重大灾害之一。

1. 冲击地压的分类

1）根据原岩（煤）体的应力状态分类

（1）重力应力型冲击地压。其是指主要受重力作用，没有或只有极小构造应力影响的条件下产生的冲击地压，如枣庄、抚顺、开滦等矿区发生的冲击地压。

（2）构造应力型冲击地压。其是指主要由构造应力（构造应力远远超过岩层自重应力）的作用引起的冲击地压，如北票矿务局和天池煤矿发生的冲击地压。

（3）中间型或重力－构造型冲击地压。其是指主要受重力和构造应力的共同作用引起的冲击地压。

2）根据冲击地压的显现强度分类

（1）弹射。其表现为一些单个碎块从处于高应力状态下的煤或岩体上射落，并伴有强烈声响，属于微冲击现象。

（2）矿震。它是煤、岩体内部的冲击地压，即深部的煤或岩体发生破坏，煤、岩体并不向已采空间抛出，只有片带或塌落现象，但煤或岩体产生明显震动，伴有巨大声响，有时产生煤尘。较弱的矿震称为微震，也称为煤炮。

（3）弱冲击。其表现为煤或岩体向已采空间抛出，但破坏性不大，对支架、机器和设备基本上没有损坏；围岩产生震动，一般震级在2.2级以下，伴有很大声响；产生煤尘，在瓦斯煤层中可能有大量瓦斯涌出。

（4）强冲击。其表现为部分煤或岩体急剧破碎，大量向已采空间抛出，出现支架折损、设备移动和围岩震动，震级在2.3级以上（监测到的最大震级为5.6级），伴有巨大声响，形成大量煤尘，产生冲击波。

3）根据震级强度和抛出的煤量分类

（1）轻微冲击：抛出煤量在10 t以下，震级在1级以下。

（2）中等冲击：抛出煤量为10～50 t，震级为1～2级。

（3）强烈冲击：抛出煤量在50 t以上，震级在2级以上。

一般面波震级$M_s=1$时，矿区附近部分居民有震感；

$M_s=2$时，对井上、下有不同程度的破坏；

$M_s>2$时，地面建筑物将出现明显的裂缝破坏。

4）根据发生的地点和位置分类

（1）煤体冲击。发生在煤体内，根据冲击深度和强度又分为表面、浅部和深部冲击。

（2）围岩冲击。发生在顶底板岩层内，根据位置有顶板冲击和底板冲击。

2. 冲击地压的特征及预兆

1）冲击地压的特征

（1）突发性。发生前一般无明显征兆，冲击过程短暂，持续时间为几秒到几十秒。

（2）震动，伴有巨大声响及强冲击波。一般表现为煤爆（煤壁爆裂，煤岩抛射）、前部冲击（煤壁内2～6 m范围）和深部冲击，也有顶底板冲击，少数矿井也发生过岩爆。在煤层冲击中，多数表现为煤块抛出，煤体整体移动，并伴有巨大声响、岩体震动和强冲击波。据现场观测，浅部冲击煤体移动时多在顶板的接触面上留有明显擦痕，煤帮抛射性塌落，塌落多发生在煤帮上部和顶部，越靠近顶板塌落越深，强烈冲击塌落深度可达1.5～2 m，引起围岩的弹性震动，使人员被弹起摔倒，输送机轨道等重型设备可能被震动而推移，连地面人员都感觉到这种震动。

（3）破坏性强。往往造成煤壁片帮、顶板下沉、底鼓、支架折损、巷道堵塞、人员伤亡。

（4）具有复杂性。在自然地质条件上，地质构造从简单到复杂，煤层厚度从薄煤层到特厚煤层，倾角从水平到急倾斜，顶板包括砂岩、灰岩、油母页岩等，都可能发生冲击地压。

在采煤方法和采煤工艺等技术条件方面，不论炮采、普采或综采，采空区处理采用全部垮落法或水力充填法，还是长壁、短壁或柱式开采，也都发生过冲击地压，只是无煤柱长壁开采法冲击次数较少。

2）冲击地压的预兆

预兆主要有压力显现强烈、煤炮、震顶、电磁辐射强度变化幅度大以及煤粉量超标、煤粉颗粒大等现象，但是有些冲击地压在没有任何征兆的情况下也会发生。

8.5.2 影响冲击地压的地质因素

影响冲击地压的地质因素主要包括开采深度、地质构造、煤岩结构和力学特性等。

（1）随开采深度的加大，地应力值增加。一般在达到一定开采深度后才发生冲击地压，此深度称为冲击地压临界深度。临界深度值随条件的不同而不同，一般大于200 m，总的趋势是随着开采深度的增加，冲击危险性增加。

（2）地质构造（如褶曲、断裂）、煤层倾角及厚度突然变化。宽缓向斜轴部易于形成冲击地压；断裂如是一个开采边界，若回采方向朝向断层面，则冲击危险性增加；煤层倾角和厚度局部突然变化地带，实际是局部地质构造应力积聚地带，因而极易发生冲击地压。

【案例8.1】“11·3”重大冲击地压事故的直接原因：该矿区煤层顶板为巨厚砂砾岩（380～600 m），事故发生区域接近落差达50～500 m的F16逆断层，煤岩层局部直立或倒转，构造应力极大，处在强冲击地压危险区域。煤矿开采后，上覆砾岩层诱发下伏 F16 逆断层活化，瞬间诱发了井下巨大能量（3.5×108 J）释放的冲击地压事故。

（3）煤的力学及物理力学性质。包括煤层的强度、冲击倾向性、弹脆性等力学性质，以及煤层的厚度、含水率、孔隙度、煤层结构等物理力学性质。煤的强度高、弹性模量大、含水量低、变质程度高、暗煤比例大，一般冲击倾向较强。

（4）煤层顶底板岩石性质。坚硬、厚层、整体性强的顶板（老顶），易形成冲击地压；直接顶厚度适中，与老顶组合性好，不易冒落，冲击危险较大。

8.5.3　冲击地压的预测预报方法

1. 顶板动态法

根据冲击地压的预兆，煤层已向采空区运动加剧，顶板岩层有板炮声，采空区有雷声，说明顶板断裂下沉，煤壁片帮，打煤层眼时卡钻，支柱折断，柱帽压缩等，采煤工作面和巷道压力有明显增大现象。矿工应认真观察、分析、掌握规律，及时预报并采取措施处理。

2. 钻粉率指标法

钻粉率指标法又称为钻粉率指数法、钻屑法或钻孔检验法。在煤层中打小直径（42～45 mm）钻孔，根据打钻不同深度时排出的钻屑量及其变化规律、有关的动力效应来判断岩体内的应力集中情况，鉴别发生冲击地压的倾向和位置。在钻进过程中，在规定的防范深度范围内，出现危险煤粉量测值或钻杆被卡死的现象，则认为具有冲击危险，应采取相应的解危措施。

3. 地音、微震监测法

岩石在压力作用下发生变形和开裂的过程中，必然以脉冲形式释放弹性能，产生应力波或声发射现象。这种声发射也称为地音。显然，声发射信号的强弱反映了煤岩体破坏时的能量释放过程。根据微震监测设备（如 ARAMIS 微震监测设备）测得的微震波的变化规律与正常波的对比，可判断煤层或岩体发生冲击倾向的程度。

例如，山东某矿用微震仪研究了发生冲击矿压的规律，结论为：微震由小而大，间有大小起伏，次数和声响频繁；在一组密集的微震之后变得平静，是产生冲击矿压的前兆；稀疏和分散的微震是正常应力释放现象，无冲击危险。

根据震相曲线和地震学的知识，可以计算出发生冲击地压的震源位置。由于各种煤岩体的地音和微震特性不同，并且又具有不均质性和各向异性等特点，其传播速度有很大差异。此外，各处的地质和开采条件也不相同，矿井下又常有强烈的环境噪声干扰，地音或微震信号在煤岩体中产生和传播情况很复杂，可能产生多次反射、折射和绕射，还可能发生波形变换等现象，因此在使用中应注意与其他预测方法综合使用，特别是与钻屑法综合使用，以保证预测的准确性。

此外有电磁波辐射法、在线应力监测系统、工程地震探测法及综合测定法等。

凡是经监测或预测预报确认有冲击地压危险的，要立即汇报并通知作业单位和作业区域停工撤人，进行解危处理。

8.5.4　冲击地压的防治措施

依据《防治煤矿冲击地压细则》〔2019〕规定，冲击地压防治应当坚持“区域先行、局部跟进、分区管理、分类防治”的原则，凡被评估为具有冲击地压危险性的煤岩层，采区设计、采煤作业规程中必须有相应的各项防范措施。

1. 进行合理开拓设计，采用正确的开采方法

（1）开采保护层。为了降低潜在危险的应力，选择距离较近的无冲击地压危险或弱冲击地压的煤层作为保护层先行开采。

（2）避免形成孤立煤柱。划分井田和采区时，应保证有计划地合理开采，避免形成孤立煤柱，不允许在采空区内留煤柱，巷道上方不留煤柱，有条件的采区上山、采区边界及区段巷道采用无煤柱开采，避免应力集中。

（3）选择合理的开采方法。开采有冲击地压危险的煤层时，应尽量采用无煤柱采煤法，用全部跨落法管理顶板，确实不具备无煤柱开采条件的，应该按照《防治煤矿冲击地压细则》〔2019〕的要求做好防冲设计。

（4）选择合理的巷道布置方式。开采有冲击地压危险的煤层时，应尽量把主要巷道和硐室布置在无冲击或弱冲击的底板岩石中。

（5）合理安排开采顺序。要合理安排开采顺序，防止采煤工作面三面被采空区包围，形成“半岛”，采煤工作面采用后退式开采，避免相向采煤。

2. 煤层预注水

预注水的目的是降低煤层的强度和弹性。注水时间和注水量、含水率按照规程要求进行。

3. 顶板高压注水

开采层的顶板为坚硬和较坚硬岩层时，采用顶板高压注水软化的防范措施，消除或削弱冲击地压的危险性。

4. 钻孔卸压法

利用钻孔降低积聚在煤层中的弹性能，是释放弹性能的一种方法。

5. 震动爆破法

在安全条件下利用震动爆破法释放煤层中积聚的能量，使煤层裂隙松动，是预防冲击地压的有效方法。其有卸载爆破和诱发爆破两种方式。卸载爆破在高应力区打钻装药爆破，其目的是改变支承压力带的形状和减小峰值，炮眼布置尽量接近支承压力带峰值位置。

6. 强制放顶

对坚硬不易跨落的顶板应采取强制放顶法进行解危处理，包括顶板预裂爆破和断顶等。

7. 解危效果检验

实施解危处理后，要在采区设计和作业规程中规定效果检验方法和相关规定进行实际效果检验。目前采用冲击地压监测系统、电磁辐射法和钻屑法检验以确定解危效果。经效果检验，冲击地压危险未解除，不得恢复生产，必须重新进行解危处理。经效果检验，冲击地压危险完全解除后，方可恢复生产。

8.5.5 冲击危险性鉴定和危险等级评价

冲击地压煤层和冲击地压矿井的界定，是冲击地压防治的基础和前提。矿井如果发生过冲击地压，则直接认定为冲击地压矿井。煤层或顶底板岩层经鉴定具有冲击倾向性，并且该煤层经评价具有冲击危险性，则确定为冲击地压煤（岩）层。

煤岩及顶底板的冲击倾向性要根据有关的技术规范进行鉴定。煤岩冲击倾向性是煤层发生冲击地压的条件之一。煤层是否发生冲击地压与煤层地质条件、开采技术条件等因素有关，因此需要进一步评价煤层的冲击危险性。曾发生过冲击地压伤亡事故，或经评价具有强冲击危险性的煤层，认定为严重冲击地压煤层。

《煤矿安全规程》〔2016〕规定，有下列条件之一的应该进行煤岩冲击倾向性鉴定：

（1）有强烈震动、瞬间底（帮）鼓、煤岩弹射等动力现象的。

（2）埋深超过400 m的煤层，且煤层上方100 m范围内存在单层厚度超过10 m的坚硬岩层。

（3）相邻矿井开采的同一煤层发生过冲击地压的。

（4）冲击地压矿井开采新水平、新煤层。

煤岩层冲击倾向性鉴定由煤矿企业委托有资质的单位进行。煤矿企业应将鉴定结果报送省级煤炭行业管理部门和省级煤矿安全监察机构备案。开采具有冲击倾向性的煤层，必须进行冲击危险性评价。

冲击危险性评价是界定冲击地压煤层和开展冲击地压防治工作的重要依据，冲击危险等级划分有利于有针对性地进行冲击地压防治。在确定为冲击地压煤层后必须对煤层进行冲击危险性预测和分区，确定煤层不同区域的冲击危险性等级（表8－4），用以指导开采设计、冲击地压监测预警和防治等工作。

表8－4　冲击危险性等级分类及防治对策

冲击危险性等级	防治对策
A无危险	正常进行设计和生产作业
B弱危险	考虑冲击地压影响因素进行开采设计，还应满足： （1）配备必要的监测检验和治理设备； （2）制定监测和治理方案，作业中进行冲击地压危险监测、解危和效果检验
C中等危险	考虑冲击地压影响因素进行开采设计，合理选择巷道和硐室布置方案、工作面接替顺序，优化主要巷道和硐室的实际参数、支护方式、掘进速度、采煤工作面超前支护距离及方式等。还应满足： （1）配备完备区域与局部的监测检验和治理设备； （2）采掘作业前，对采煤工作面支承压力影响区域、掘进煤层巷道迎头及后方巷帮采取预卸压措施； （3）设置人员限制区域，确定避灾路线； （4）制定监测和治理方案，作业中进行冲击地压监测、解危和效果检验
D强危险	考虑冲击地压影响因素进行开采设计，合理选择巷道和硐室布置方案、工作面接替顺序，优化主要巷道和硐室的实际参数、支护方式和掘进速度等；优化工作面顶板支护、推进速度、超前支护距离及方式、采放煤高度等参数。还应满足： （1）配备完备区域与局部的监测检验和治理设备； （2）在采掘作业前，对采煤工作面支承压力影响区域、掘进煤层巷道迎头及后方巷帮实施全面检验，经检验冲击地压危险解除后方可进行作业； （3）制订监测和治理方案，作业中加强冲击地压危险的监测、解危和效果检验措施，监测采掘作业对周边巷道、硐室等的扰动影响，并制定对应的治理措施； （4）设置躲避硐室、人员限制区域，确定避灾路线。 如果经充分采取解危治理措施后，仍不能保证安全，应停止生产或重新设计

由于冲击地压问题极为复杂，国内外目前尚未建立比较符合实际的冲击地压发生及破坏过程的理论，因此冲击地压的预测、预报及防治技术并不完备。冲击地压的预防将成为21世纪岩石力学研究的难题之一。

任务实施

1. 综合防治冲击地压措施

“五位一体”的综合防治冲击地压措施包括安全培训、预测预报、卸压、效果检验及安全防护。

《煤矿安全规程》〔2016〕规定，矿井防治冲击地压（以下简称“防冲”）工作应当遵守下列规定：

（1）设专门的机构与人员。

（2）坚持“区域先行、局部跟进”的防冲原则。

（3）必须编制中长期防冲规划与年度防冲计划，采掘工作面作业规程中必须包括防冲专项措施。

（4）开采冲击地压煤层时，必须采取冲击危险性预测、监测预警、防范治理、效果检验、安全防护等综合性防治措施。

（5）必须建立防冲培训制度。

2. 完善的组织机构、防冲原则、防冲流程和管理制度对有序、有效开展防冲工作具有重要的保障作用

（1）冲击地压矿井应设专门的防冲机构，并配备专职防冲技术人员和专业施工队伍。防冲机构负责日常的防冲管理与工作落实、技术创新、难题攻关，推广应用冲击地压防治的新技术、新工艺及新装备。

（2）坚持“区域先行、局部跟进”的防冲原则。“区域先行”是指在采掘作业前对采掘区域实施冲击危险性评价、危险等级划分、防冲优化设计、冲击危险预防、监测与治理方案制定、区域性监测预防等工作；“局部跟进”是指在采掘作业过程中，根据监测信息、冲击地压的防治效果和新揭露的地质条件等动态信息，优化调整冲击地压监测和防治工作。

（3）冲击地压矿井中长期防冲规划。应根据矿井采掘接续长远规划编制，对于待开采区域进行分析评价，划分冲击地压危险区域，明确冲击地压防治的一般性安全技术措施，制定冲击地压防治规划、重点科技攻关方向、资金投入等。冲击地压矿井年度防冲计划根据矿井中长期防冲规划、采掘接替年度计划等编制，分析年度采掘范围内的冲击危险区域，制定监测预警、防范解危等初步措施，确定人员与装备、研究计划与防冲资金投入等。

采掘工作面作业规程中的防冲专项措施包括：作业区域冲击危险性分析，冲击危险等级及区域划分图表，冲击危险预防措施，监测检验措施，冲击地压防治措施，以及发生冲击地压灾害时的应急措施、避灾路线等。

（4）冲击危险性预测。其是根据地质条件和开采技术因素、周边已采掘区域矿压显现情况、区域矿压监测情况、矿井以往发生冲击地压情况等对冲击危险性进行评价和预测。冲击地压不仅与围岩的应力状态、采掘生产作业有关，而且与褶皱、断层、覆岩大范围运动等有关。

冲击危险性预测包括区域和局部危险性预测。冲击地压的监测预警也应包括区域和局部监测预警。目前冲击地压的区域监测预警主要采用微震监测方法，而局部监测预警主要有应力、地音、电磁辐射、钻屑等技术方法。

防范治理包括主动防范和局部解危措施，且应坚持“区域防范措施先行，局部解危措施补充”的原则。防范措施包括：开采保护层、优化生产布局、合理调整开采顺序、确定合理开采方法、降低应力集中、提前采取卸压措施等，通过降低煤层冲击危险性，避免形成冲击地压诱发条件；局部解危措施包括：煤层注水、钻孔卸压和水力压裂等。

效果检验是采取防范和解危措施后，采用微震、电磁辐射、钻屑等方法对冲击危险区域的解危效果进行检验，经检验各项监测指标均降到临界值以下才能正常生产。

安全防护是指避免冲击地压造成人员伤害和设备损坏所采取的措施，包括完善压风自救系统（明确避灾路线）、配备人身防护装备（如防冲帽、防冲服等）、固定设备、加强支护等。

（5）防冲培训。其是提高矿工对冲击地压防治基本知识的认识，增强自我防护与主动防治意识的重要途径。冲击地压矿井必须建立防冲培训制度，应每年至少组织一次防冲知识培训。

思考与练习

通过互联网查阅冲击地压事故案例，简述防治冲击地压的综合技术措施。

复习题

1. 名词解释：

岩溶陷落柱、矿井瓦斯、冲击地压、岩浆侵入体

2. 简述：

（1）岩溶陷落柱对煤矿生产的影响；

（2）矿井瓦斯等级；

（3）影响煤层自燃的因素；

（4）岩浆侵入体的处理技术措施。

3. 论述：

“五位一体”的综合防治冲击地压措施。

4. 案例收集与分析：

收集瓦斯事故、煤层自燃事故案例，并分析事故原因。

5. “教、学、做”一体化作业：

结合校企合作煤矿的地质资料，论述防治煤矿井下灾害事故的技术措施。

参考文献

[1] 袁亮. 煤矿安全规程解读［M］. 北京：煤炭工业出版社，2016.

[2] 国家安全生产监督管理总局. 煤矿防治水细则［M］. 北京：煤炭工业出版社，2018.

[3] 谭云亮. 矿山压力与岩层控制［M］. 北京：煤炭工业出版社，2013.

[4] 李增学. 煤矿地质学［M］. 北京：煤炭工业出版社，2013.

[5] 包丽娜，陈国山. 矿山地质［M］. 北京：冶金工业出版社，2015.

[6] 王永安，朱云辉. 矿井瓦斯防治［M］. 北京：煤炭工业出版社，2007.

[7] 桂和荣，郝临山. 煤矿地质［M］. 北京：煤炭工业出版社，2011.

[8] 何选明. 煤化学［M］. 北京：冶金工业出版社，2010.

[9] 曾佐勋，樊光明. 构造地质学［M］. 武汉：中国地质大学出版社，2011.

[10] 国家安全生产监督管理总局. 煤与瓦斯突出细则［M］. 北京：煤炭工业出版社，2019.

[11] 国家安全生产监督管理总局. 防治煤矿冲击地压细则［M］. 北京：煤炭工业出版社，2019.